夏の午後、東京・環状八号線上に現れる「環八雲」　提供：練馬区役所

都庁ビルで試験的に行われている屋上緑化

首都圏の人工排熱（熱消費量）マップ　1998年度

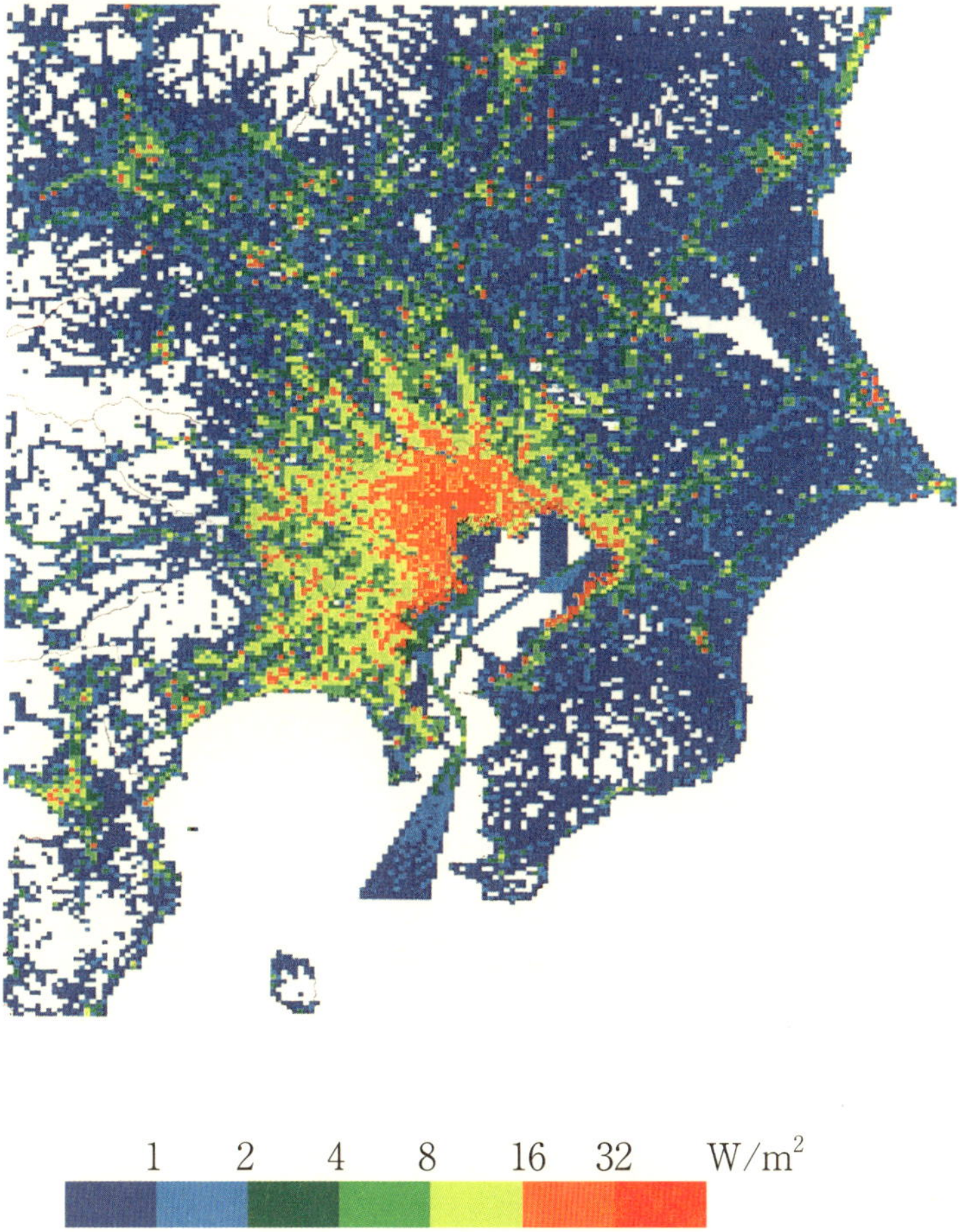

夏のアスファルト面の表面温度。
街路樹の陰と日向では 20℃も温度差がある。

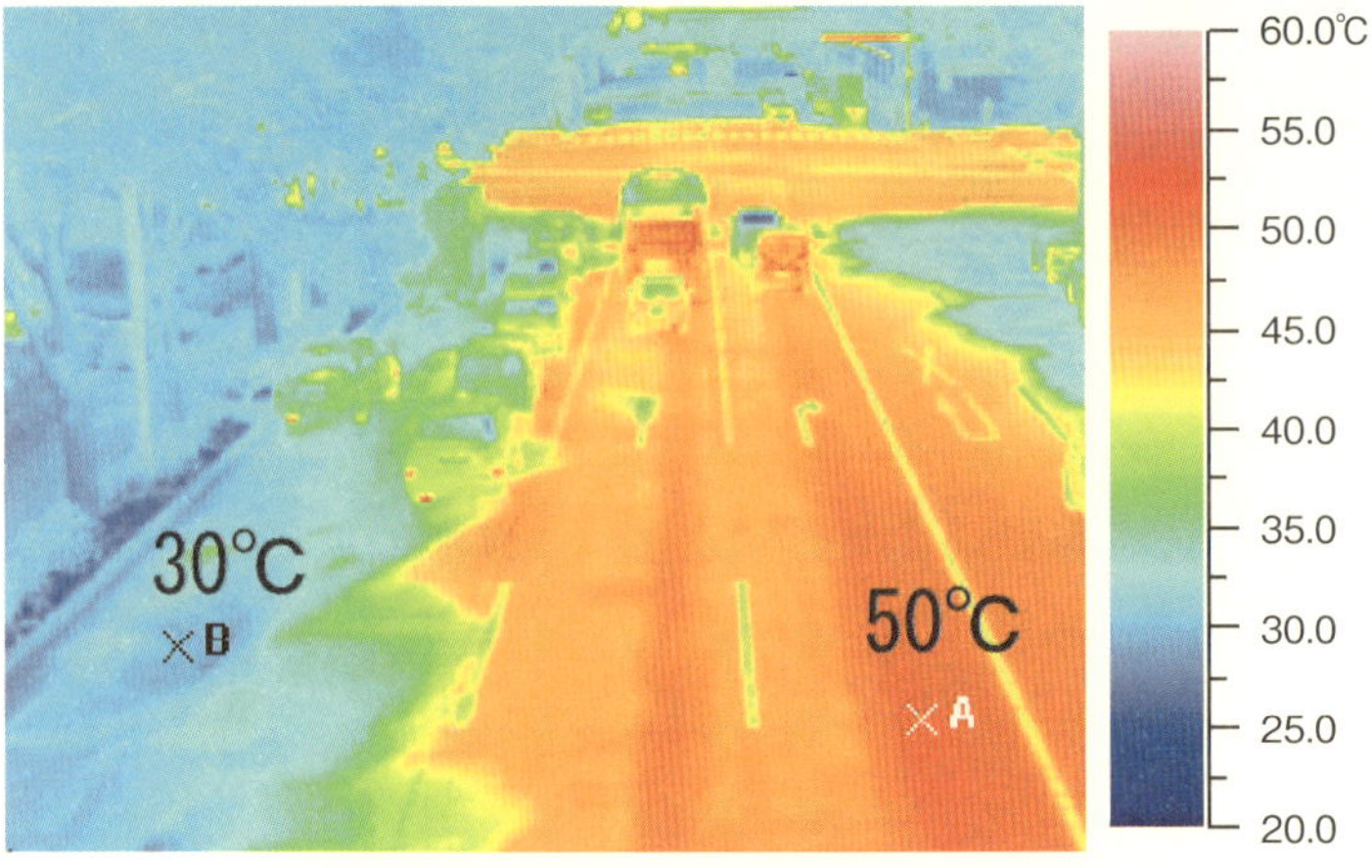

シオサイトの高層ビル群による風の影響

提供：建築研究所・足永靖信研究室

シオサイトのビルがない場合

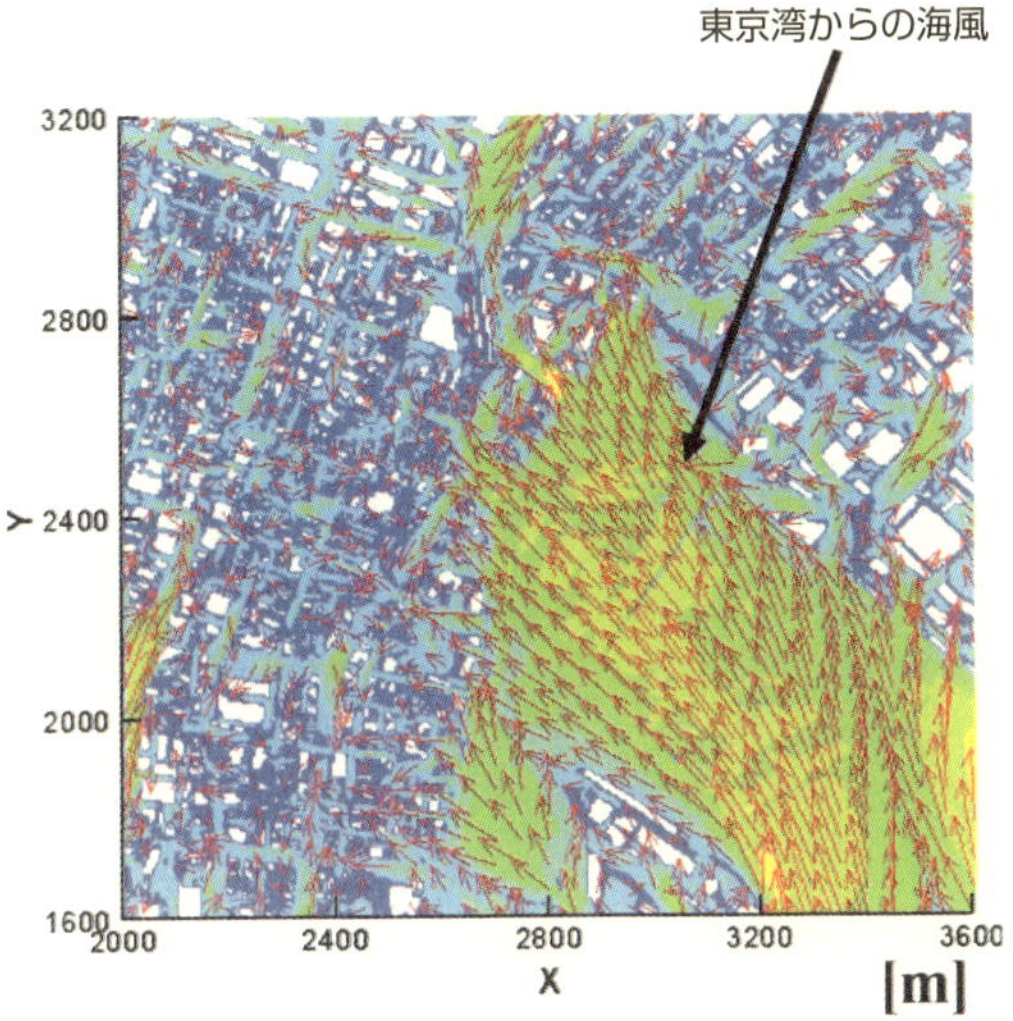

シオサイトのビルがある場合

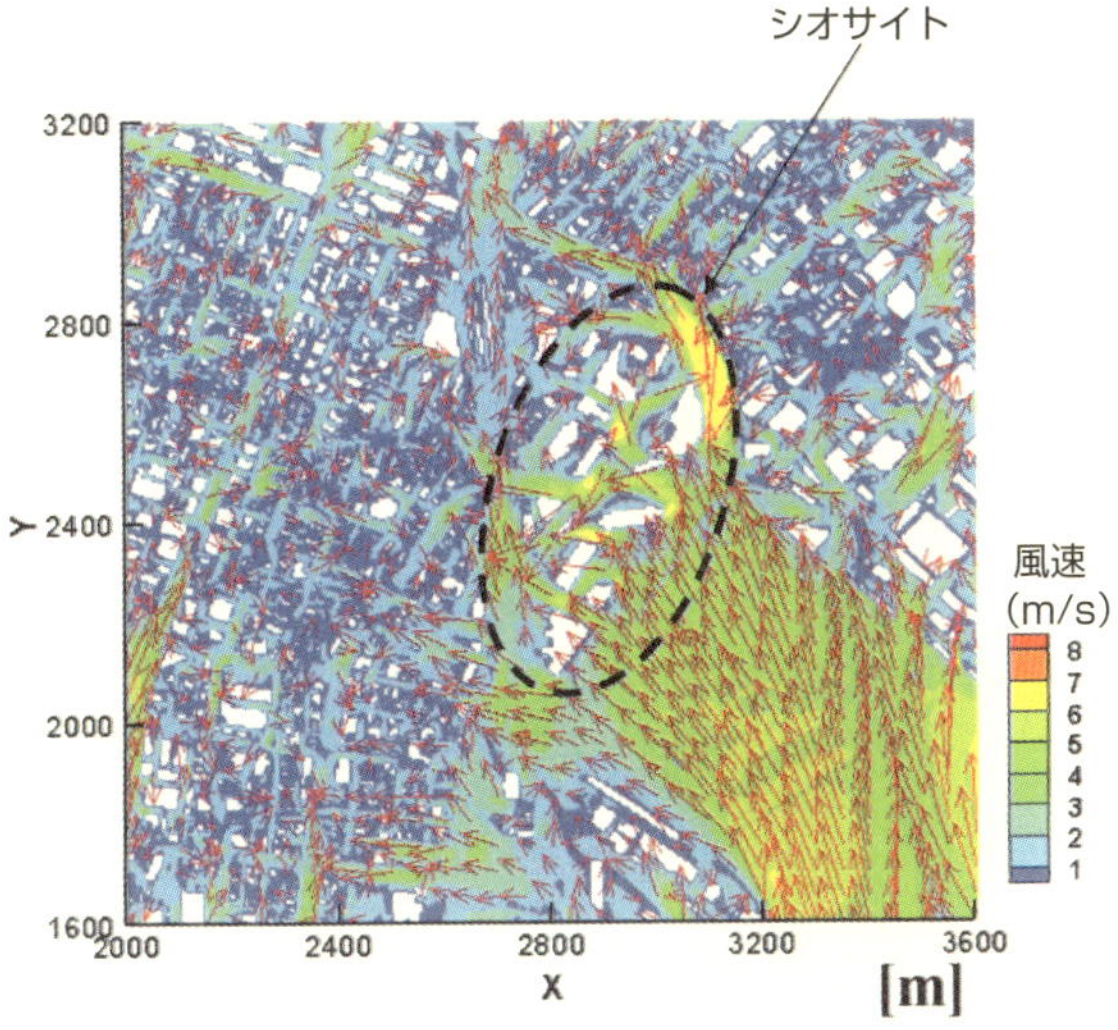

関東地方における最高気温分布の広がり

1956 ～ 1960 年 7 月の平均

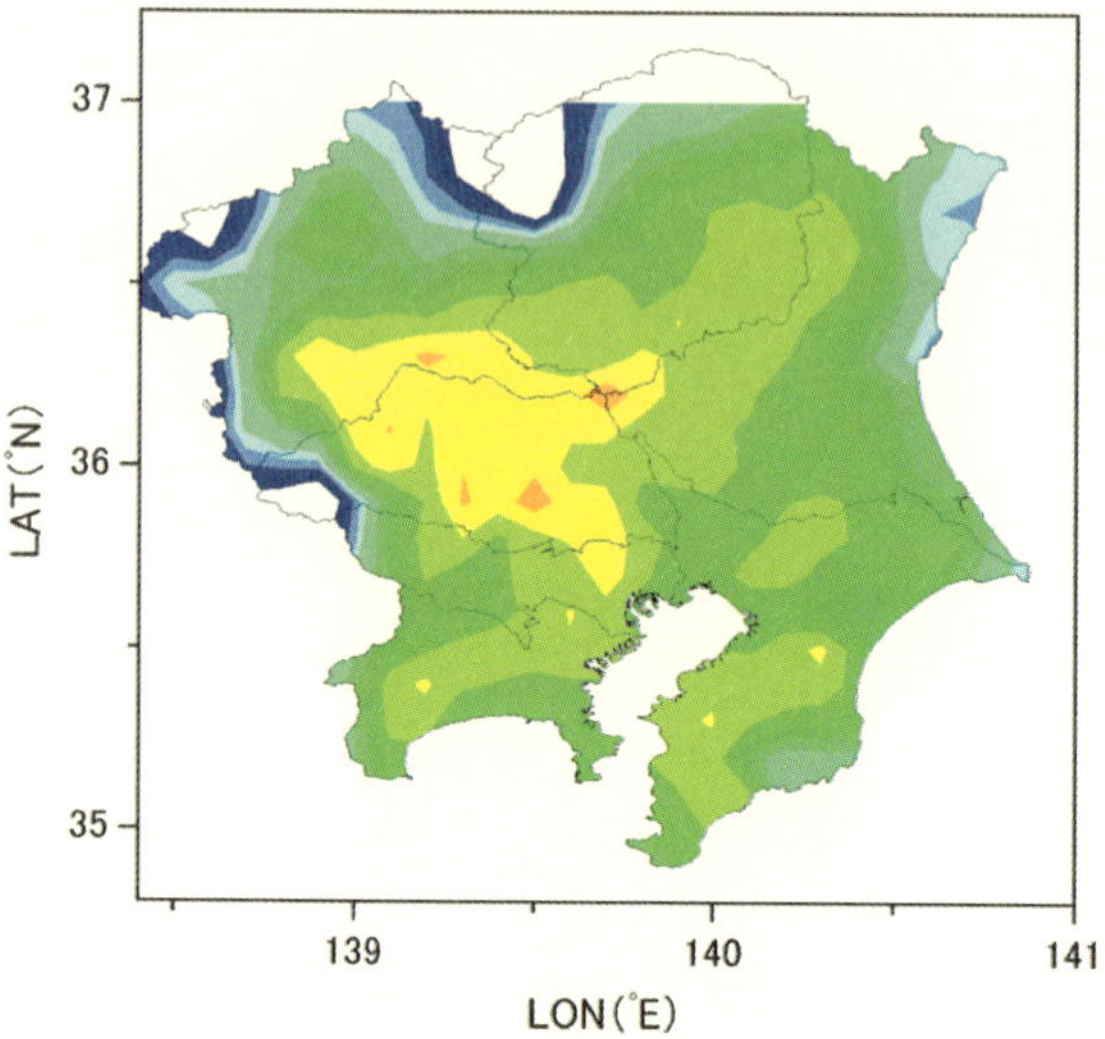

1996 ～ 2000 年 7 月の平均

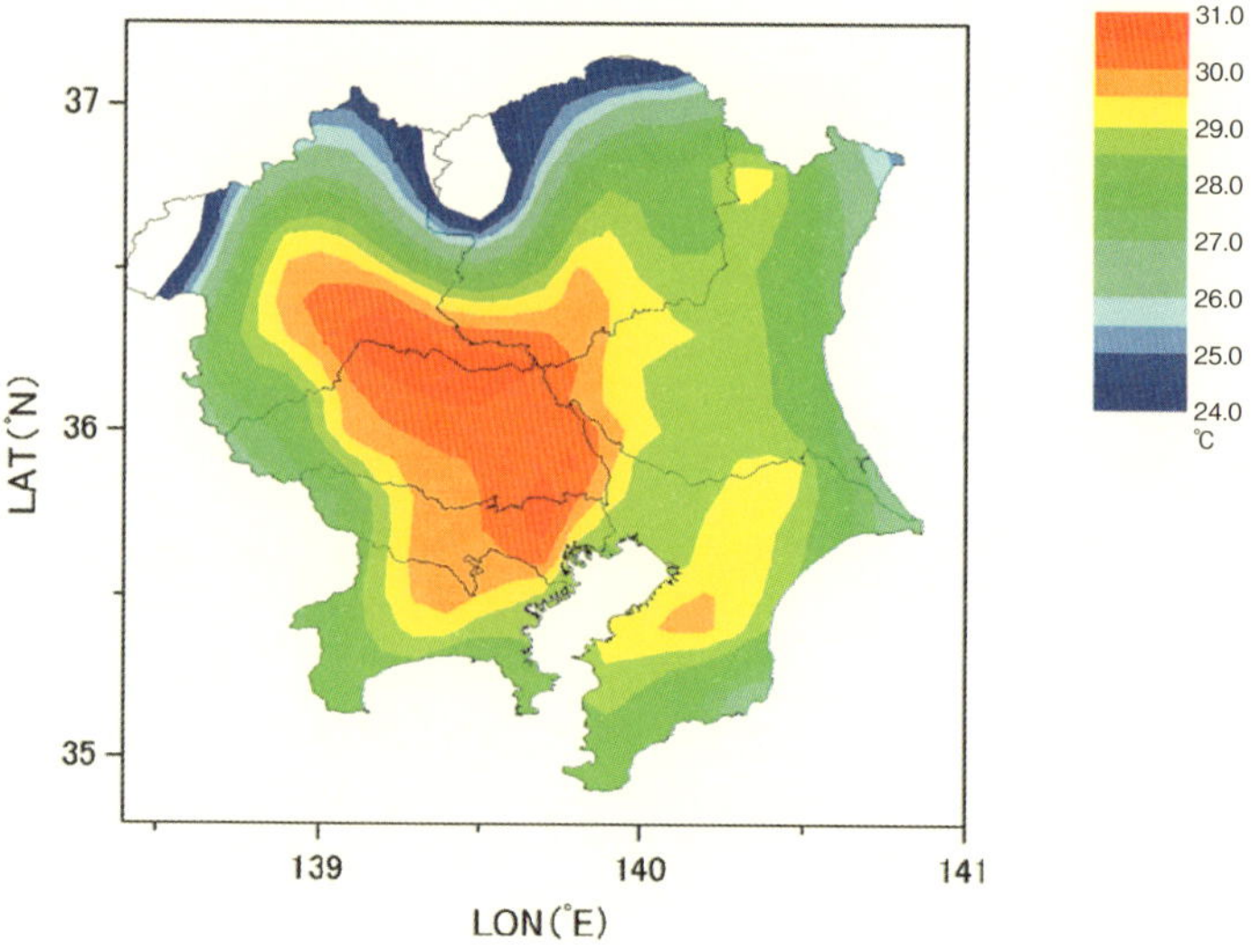

サーモカメラで見た韓国・ソウル市の清渓川

上は親水公園の工事前（2003 年）、下は清流復活後（2007 年）。
表面温度の違いがよくわかる。

都心部で1時間あたり20ミリ以上の降水量が観測された割合（%）の分布（1991～2002年）

高橋日出男（2007）

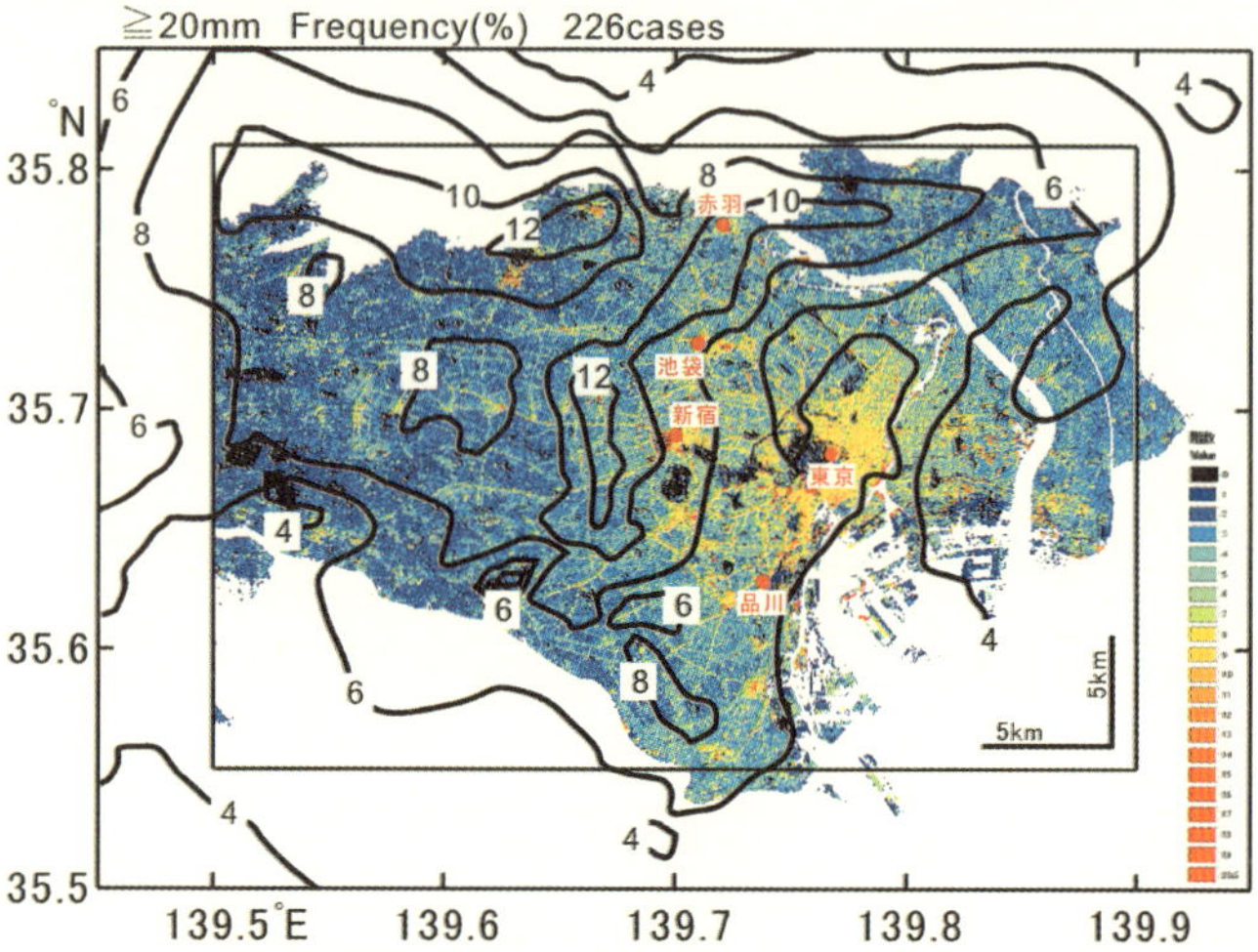

2008年8月5日11時55分～12時、東京の降雨状況（MPレーダーによる）

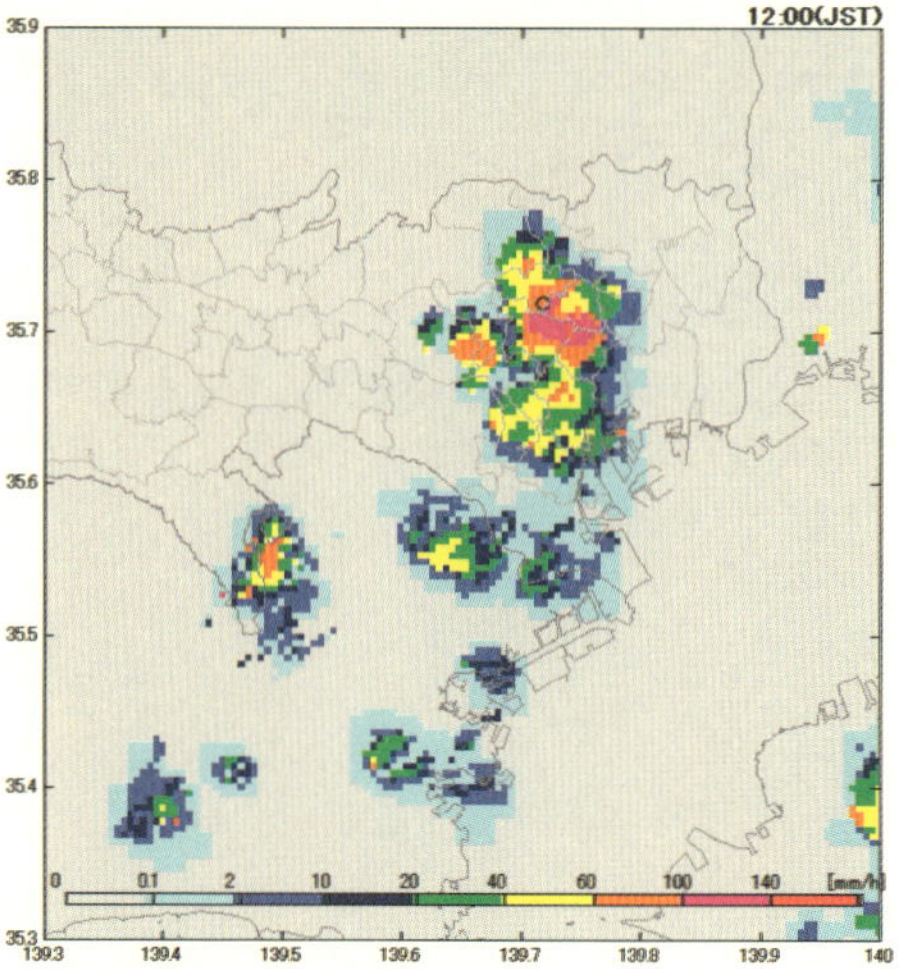

提供：独立行政法人防災科学技術研究所　加藤敦

はじめに

近年、夏になると、ヒートアイランドや都市型集中豪雨といった用語が新聞やテレビを賑わすようになってきました。ＩＰＣＣの第４次報告書でも、人間活動による地球温暖化はほぼ確実であると指摘しています。温暖化が進むと、台風やハリケーンの発生数はあまり変わらなくとも、中心付近の風速が強まったり、雨の降り方が激しくなるだろうと予想されています。

都市に目を転じれば、１時間に50ミリから１００ミリといった豪雨が局地的に降る頻度が以前よりも増えてきたという統計も見られます。いわゆる都市型集中豪雨で、最近では「ゲリラ豪雨」という表現もよく使われます。確かに、都内の狭い範囲に突然激しい雷雨が降り始めたと思ったら、少し離れた別の場所でも、と、短時間にあちこちで豪雨が発生します。

夏の午後、都市内部で突然降り出す局地的豪雨の発生メカニズムはまだ十分にわかっていませんが、これまでの都市型豪雨の事例解析等から次第にその全貌が見えてきました。本書では、都市型集中豪雨がなぜ起こるのかについて、わかりやすく解説し、都市型豪雨を強める役割を演じるヒートアイランドについても、最新の研究成果を紹介します。

最後の章では、都市型豪雨を防ぐためにどうしたらよいかをみなさんと一緒に考えたいと思います。本書が、都市の豪雨災害に関心をもつ多くの方々のお役に立つことができれば幸いです。

三上岳彦

平成20年8月

CONTENTS ―― もくじ

第1章

これが都市型豪雨

1-1
これが都市型豪雨

1時間に131ミリ降った練馬豪雨

近年、東京の都区部を中心とした狭いエリアで、夏の午後に1時間100ミリを超える雷を伴った局地的な豪雨に見舞われる頻度が増えてきているように思えます。いわゆる「都市型豪雨」と呼ばれる大雨で、急激に増水した川の水があふれて家屋の浸水被害が発生したり、ときには雨水が逃げる間もなく地下室に流れ込んで、中にいた人が亡くなるケースも出ています。

ここでは、1時間に131ミリという記録的な雨量を記録した1999年7月21日の「練馬豪雨」と、深夜に時間最大雨量*112ミリを記録して中小河川の内水氾濫*被害を出した2005年9月4日の「杉並豪雨」について、豪雨の発生から水害に至る状況を紹介し、都市型豪雨の実態を模擬体験していただきたいと思います。

狭い範囲に集中した豪雨

1999年7月21日午後3時から4時にかけて練馬区を中心とした局地的豪雨が都内を襲い、新宿区西落合の地下室で冠水した道路からあふれた雨水が地下室に流れ込

＊内水氾濫
平坦な地面に強い雨が降ると、降った雨が低いところに流れ込んで水が溜まり浸水被害を出すことがある。とくに市街地に降った大量の雨が、そのまま河川に流出して排水されるまでに時間がかかると内水氾濫を起こしやすくなる。

＊時間最大雨量
普通、1時間雨量というときは毎正時（例えば、10時～11時）に降った雨量のことだが、時間最大雨量の場合は連続した1時間雨量の最大値を指す。杉並区下井草では午後8時50分から9時50分までの1時間に112ミリという時間最大雨量を記録した。

み、1人の方が亡くなるという悲惨な事故が起こりました。翌日の新聞には、この時の集中豪雨と浸水被害の状況が写真入りで報道されています（**図1・1**）。

この日は午後から関東地方で雷雲が発生し、各所で落雷や大雨の被害が発生しました。東京都が設置している練馬の雨量計は、午後4時13分までの1時間に131ミリという猛烈な豪雨を記録しています。1時間100ミリを超すような強い雨は、台風や梅雨前線・秋雨前線でも滅多に降ることはありません。2000年9月11日に東海地方を襲った前線性の「東海豪雨」でも、最大時間降水量は114ミリで、練馬豪雨には及びませんでした。

練馬豪雨の特徴は、降り方の激しさだけではありません。降雨域の狭さも際立っています。一般に、台風や前線による豪雨の場合、ある程度の広がりを持って降

図1-1　被害の状況を報道する新聞
（出典：朝日新聞 1999年7月22日）

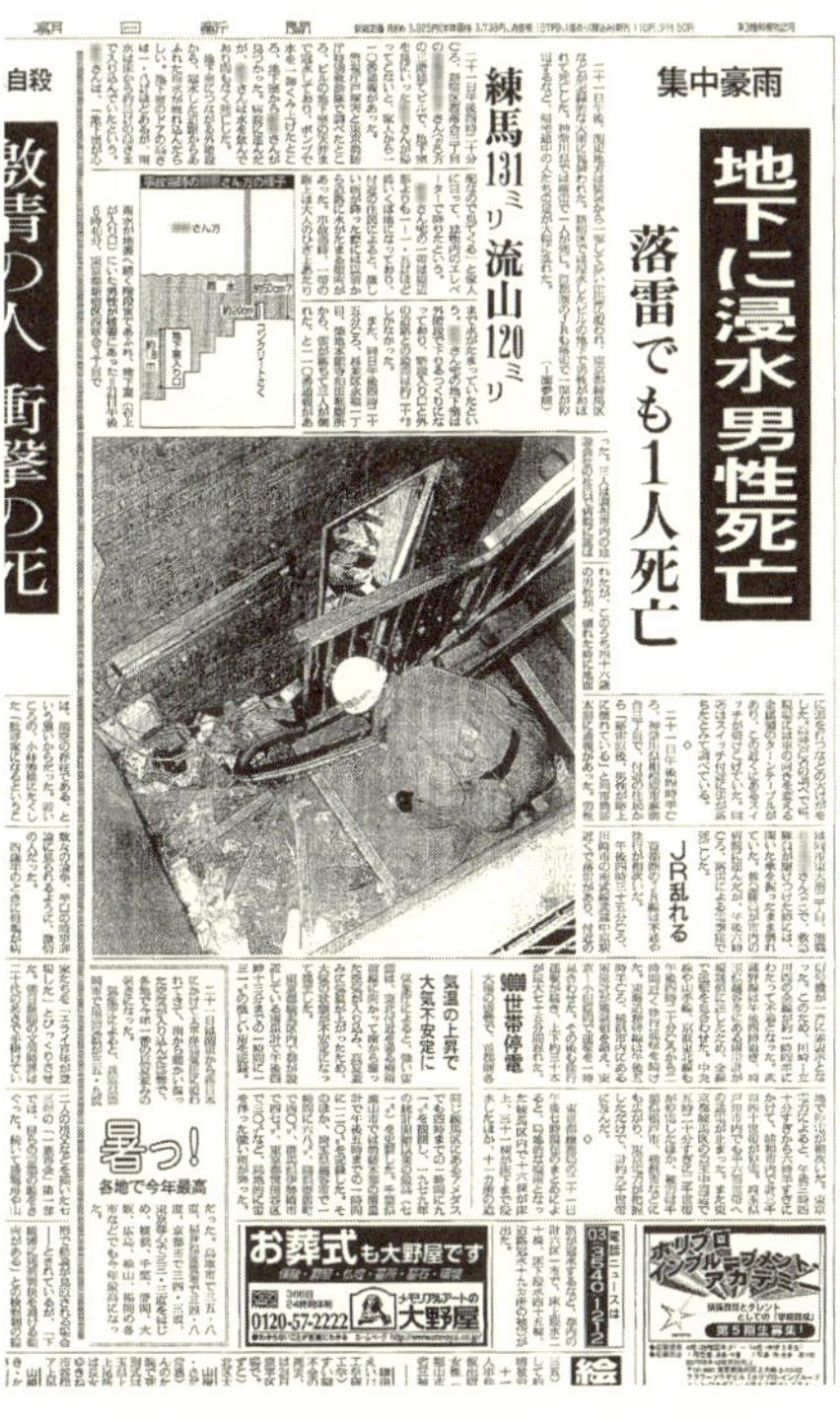
集中豪雨
地下に浸水 男性死亡
落雷でも1人死亡
練馬131ミリ 流山120ミリ
JR乱れる
気温の上昇で 大気不安定に
暑っ! 各地で今年最高
お葬式も大野屋です
0120-57-2222
大野屋

ることが多く、特に台風による大雨は広範囲にわたって長い時間降るため、総雨量は多くなります。

都市型豪雨の場合はどうでしょうか。関東地方スケールでみると、午後2時から3時にかけての1時間に降水が記録されたのは茨城県の北東部の一部だけで、他はまったく降っていません（**図1・2上**）。ところが、その直後の午後3時から4時の間に1時間91ミリという猛烈な豪雨が練馬を中心とする非常に狭い範囲で降ったのです（**図1・2下**）。この時間帯に降水を記録したのは、埼玉県と茨城県の一部だけで、東京都内のほかの場所や神奈川県、千葉県ではまったく降っていないのです。もっとも、この雨量分布図は気象庁のアメダス観測所の雨量計で測定されたデータだけから描いたので、細かく見れば降水のあった地点は他にもあったかもしれません。

雨の強さをたとえるなら……

ところで、1時間に50ミリとか100ミリといわれても、実感としてどの程度の強さの豪雨なのか見当がつきにくいのではないでしょうか。気象庁では、雨の強さと降り方の指針をホームページで公開しています（**表1・1**）。その中に、人の受けるイメージという項目があります。たとえば、1時間雨量が10ミリ以上から20ミリ未満では、

■図1-2　関東地方の1999年7月21日の降水量の変化

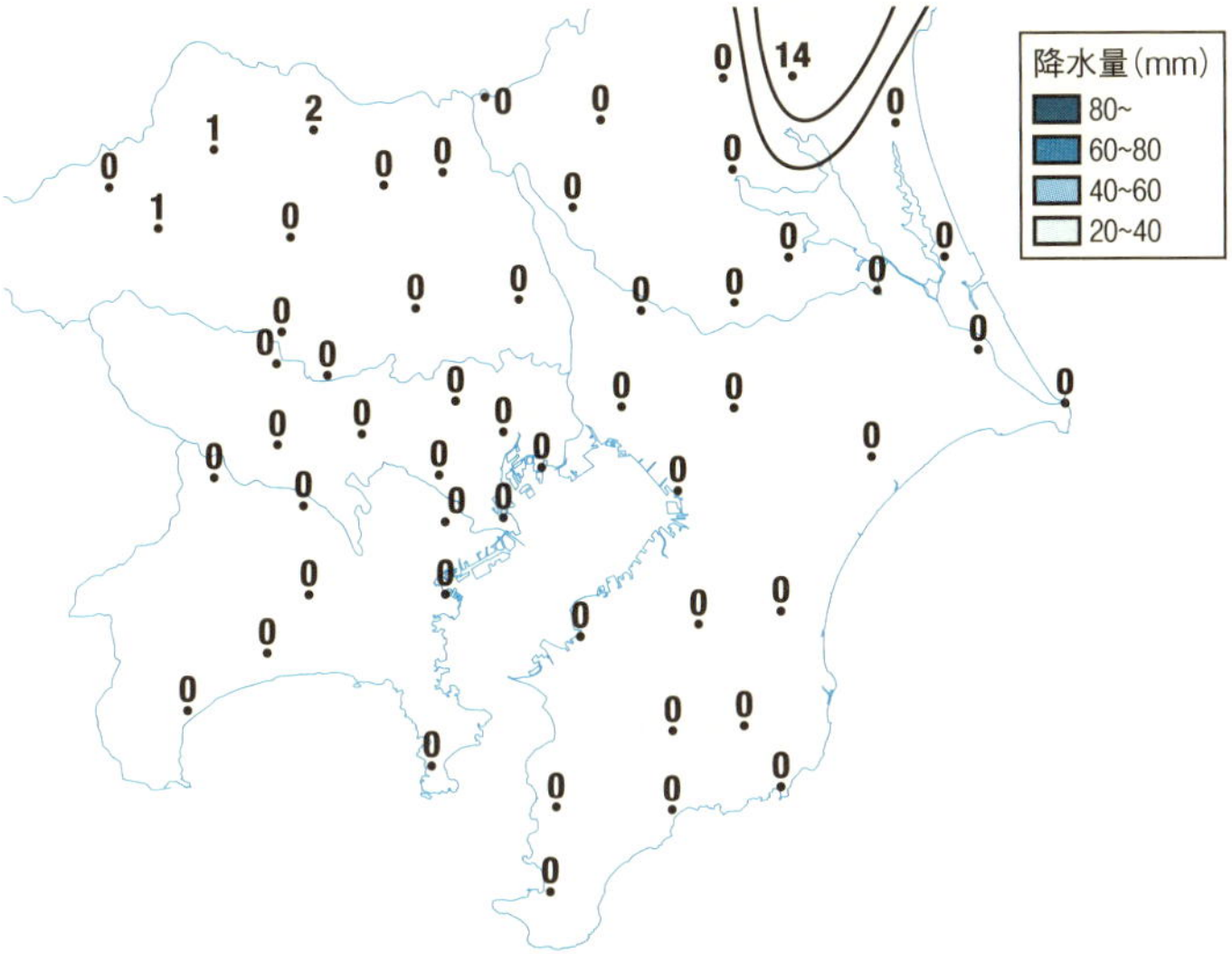

1999年7月21日15時の降水量

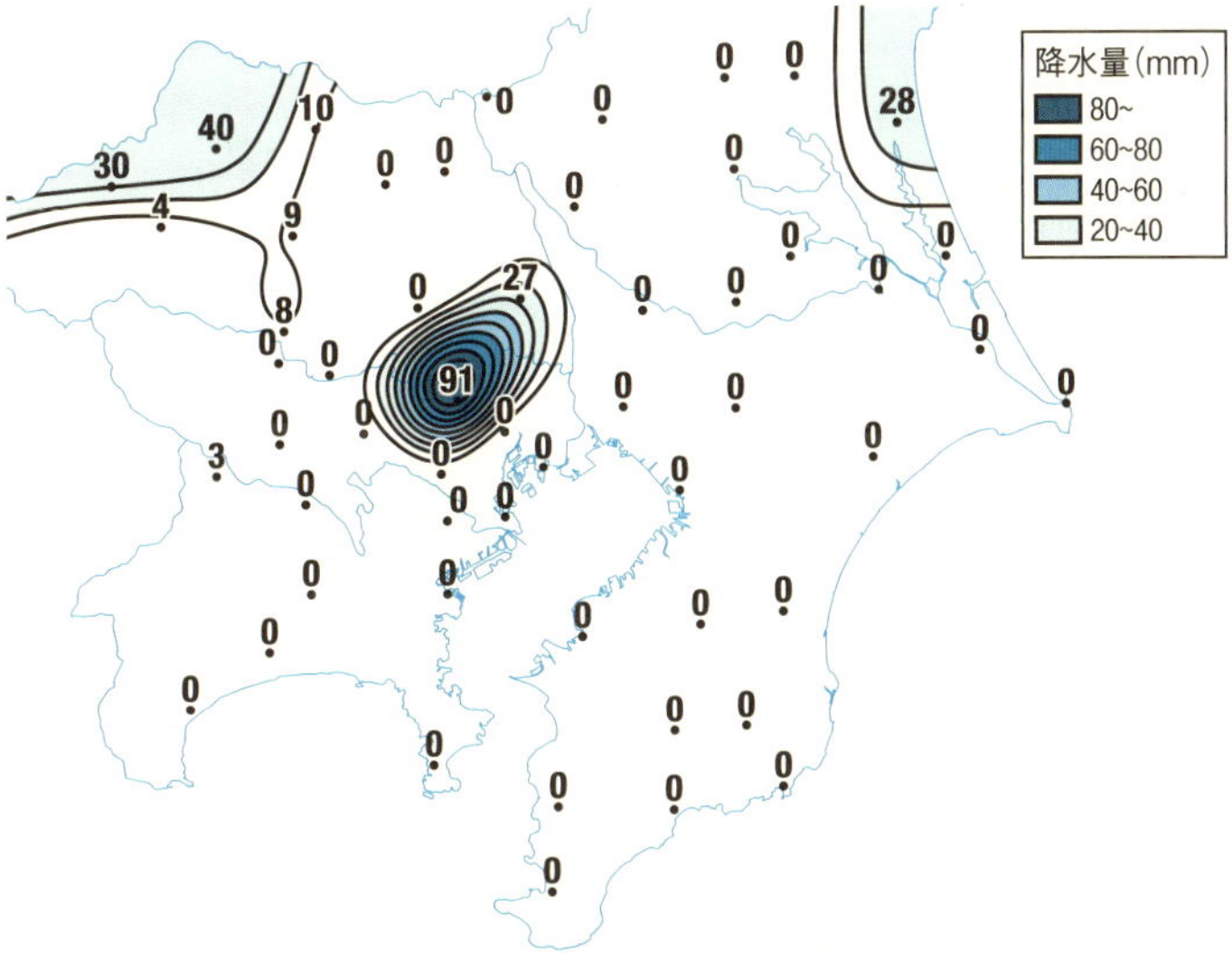

1999年7月21日16時の降水量

「ザーザーと降る」感じですが、20ミリ以上から30ミリ未満になると「どしゃ降り」となり、30ミリ以上から50ミリ未満で「バケツをひっくり返したように降る」といった具合です。さらに、50ミリ以上から80ミリ未満では、「滝のようにゴーゴーと降り続く」感じがし、80ミリ以上になると、「息苦しくなるような圧迫感があり、恐怖を感ずる」とあります。

　また、屋外の様子も、30ミリ未満までは、「地面一面に水たまりができる」程度ですが、30ミリ以上から50ミリ未満になると、「道路が川のようになる」といった状

■表 1-1　気象庁による、雨の強さと降り方の指針

時間雨量（ミリ）	予報用語	人の受けるイメージ	人への影響	屋内（木造住宅を想定）	屋外の様子	車に乗っていて	災害発生状況
10 ～ 20	やや強い雨	ザーザーと降る	地面からの跳ね返りで足元がぬれる	雨の音で話し声が良く聞き取れない	地面一面に水たまりができる		この程度の雨でも長く続く時は注意が必要
20 ～ 30	強い雨	どしゃ降り	傘をさしていてもぬれる	寝ている人の半数くらいが雨に気がつく		ワイパーを速くしても見づらい	側溝や下水、小さな川があふれ、小規模の崖崩れが始まる
30 ～ 50	激しい雨	バケツをひっくり返したように降る			道路が川のようになる	高速走行時、車輪と路面の間に水膜が生じブレーキが効かなくなる（ハイドロプレーニング現象）	山崩れ・崖崩れが起きやすくなり危険地帯では避難の準備が必要 都市では下水管から雨水があふれる
50 ～ 80	非常に激しい雨	滝のように降る（ゴーゴーと降り続く）	傘は全く役に立たなくなる		水しぶきであたり一面が白っぽくなり、視界が悪くなる	車の運転は危険	都市部では地下室や地下街に雨水が流れ込む場合がある マンホールから水が噴出する 土石流が起こりやすい 多くの災害が発生する
80 ～	猛烈な雨	息苦しくなるような圧迫感がある。恐怖を感ずる					雨による大規模な災害の発生するおそれが強く、厳重な警戒が必要

（注 1）「強い雨」や「激しい雨」以上の雨が降ると予想される時は、大雨注意報や大雨警報を発表して注意や警戒を呼びかけます。なお、注意報や警報の基準は地域によって異なります。

（注 2）猛烈な雨を観測した場合、「記録的短時間大雨情報」が発表されることがあります。なお、情報の基準は地域によって異なります。

（注 3）表はこの強さの雨が 1 時間降り続いたと仮定した場合の目安を示しています。この表を使用される際は、以下の点にご注意下さい。

1　表に示した雨量が同じであっても、降り始めからの総雨量の違いや、地形や地質等の違いによって被害の様子は異なることがあります。

2　この表ではある雨量が観測された際に通常発生する現象や被害を記述していますので、これより大きな被害が発生したり、逆に小さな被害にとどまる場合もあります。

3　この表は主に近年発生した被害の事例から作成したものです。今後新しい事例が得られたり、表現など実状と合わなくなった場合には内容を変更することがあります。

況で普通に歩ける状態ではなくなります。また、1時間50ミリを越えると、傘はまったく役に立ちません。道路は水しぶきで視界が悪くなり、車の運転も危険な状況になります。そして、都市部では地下室や地下街に雨水が流れ込む場合も出てきます。

動きが読みにくい「ゲリラ豪雨」

東京都の練馬観測所で記録された1時間に131ミリという降水は、10分間でならしてみると平均20数ミリ降った計算になります。そこで、気象庁のアメダスよりも高密度で設置されている東京都の雨量計の観測データで、この日の豪雨がもっとも激しかった午後3時から4時半にかけての時間帯について10分ごとの降水量の変化を追ってみましょう（**図1・3**）。

気象庁アメダスの練馬観測所から南に1キロほど離れた江古田で午後3時に雨が降り始め、3時10分から20分にかけて23ミリ、さらに3時20分から30分にかけての10分間では32ミリという猛烈な豪雨となり、次の10分間でも25ミリ降っています。つまり、3時10分から40分までの30分間に合計80ミリという激しい降雨がもたらされたのです。その後は少し雨脚が弱まったとはいえ、結局、4時10分までの1時間の合計降水量は127ミリという記録的な数値になったのです。この図で興味深いのは、江古田から

■図 1-3　東京・練馬周辺の 1999 年 7 月 21 日の 10 分降水量

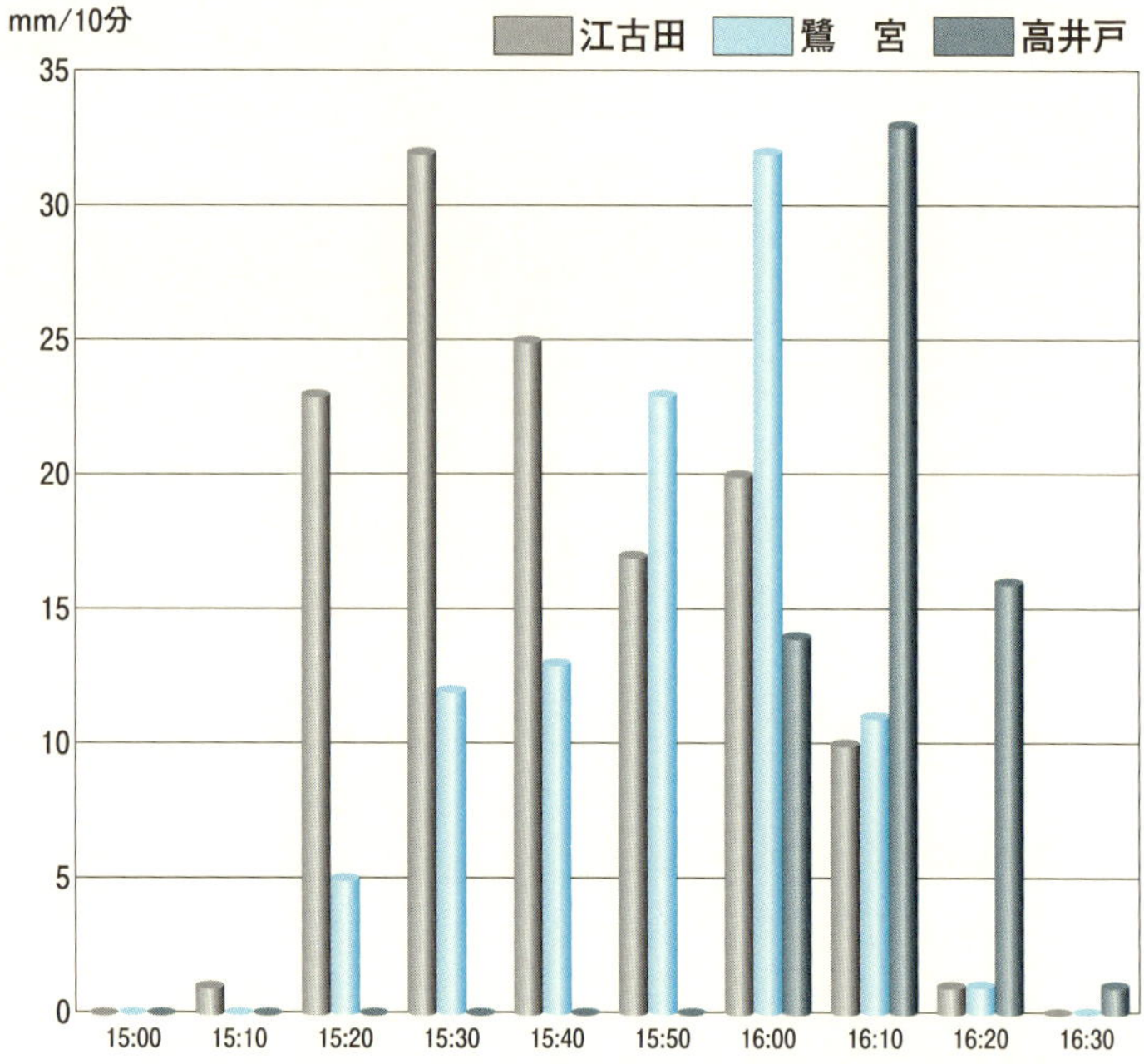

東京都の江古田、鷺宮、
高井戸の位置関係

西に2～3キロ程度しか離れていない鷺宮でも午後3時過ぎから降り始めた雨が、3時40分から50分にかけて23ミリと激しさを増し、3時50分から4時にかけては32ミリの猛烈な豪雨をもたらしている点です。江古田と鷺宮で10分間32ミリというピーク雨量が出現した時刻のズレが30分間ということは、このときに豪雨の中心が時速約5キロという早足程度で東から西に進んだ計算になります。ところが、鷺宮で豪雨のピークが現れた10分後に、約5キロ南西に位置する高井戸で10分間に33ミリの激しい降雨が記録されています。

以上のことから、「練馬豪雨」の場合、豪雨の及ぶ範囲はせいぜい直径5キロくらいまでで、雨の降り始めから降り終わりまでの時間も最大2時間程度であることがわかります。しかも、豪雨の中心は、練馬付近で足踏みしていたかと思うと、突然南西方向の杉並方面に移動するといった複雑な動きを示しています。まさに「ゲリラ豪雨」と呼ばれるにふさわしい降り方といえます。この日の午後12時半に、気象庁アメダス練馬観測所では35・4℃を記録し、豪雨の降り出す直前の3時10分頃まで32℃以上の高温状態が続いていました。この猛暑と豪雨との間に何らかの関連があるのでしょうか。これについては、次章以降で考えたいと思います。

浸水と落雷による甚大な被害

「練馬豪雨」は、東京都内の地下室浸水事故死と神奈川県での落雷死という2名の犠牲者を出した点で、都市型豪雨史上に残る災害であったといえます。

大雨による都内の浸水被害は、住宅への浸水が床上浸水174棟、床下浸水177棟が確認されています。新聞によると、この日の午後は都内各所で落雷があり、午後4時25分頃には杉並区永福1丁目で屋外にいた3人の会社員が落雷によるショックで倒れて病院に運ばれたということです。

また、大雨と落雷の影響で首都圏各地は停電が相次ぎ、東京電力が把握しただけでも合計9000世帯が停電したと報道されています。さらに、交通機関も、JR線の運休や東海道新幹線の遅れで、乗客15万8000人に影響が出ました。

1-2
これが都市型豪雨

深夜に襲った杉並豪雨

練馬豪雨と並んで都市型豪雨の典型とされるのが、2005年9月4日の深夜から5日の未明にかけて東京・杉並区を中心に練馬区や中野区で1時間50ミリから100ミリを超える大雨となった「杉並豪雨」です。翌日の新聞各紙は、一面で、「首都圏に猛烈な雨」とか、「夜の首都圏で豪雨」といった見出しでこの豪雨の発生から被害までを詳しく報じています。そうした報道から、「杉並豪雨」の実態を探ってみることにしましょう。

北に前線、南に台風

9月4日は、杉並区下井草（杉並区観測）で9時50分までの1時間に112ミリ、三鷹市新川（東京都観測）でも午後10時20分までの1時間に105ミリという記録的な豪雨になりました。このほか、新宿区、練馬区、北区、世田谷区、狛江市、埼玉県川口市でも1時間に約100ミリの大雨が降ったところがありました。杉並豪雨の特徴は、前述の練馬豪雨のように狭い範囲で短時間に集中して降るというよりは、比較的広い範囲で短時間に豪雨をもたらしたことです。しかも、午後8時頃から午前0時時過ぎという深夜の時間帯に集中した点が注目されます。2001年7月8日の夜9時から10時にかけて練馬で1時間53ミリの豪雨が記録されていますが、近年は深夜に豪雨に見舞われることが多くなったようにも思えます。

練馬豪雨は短時間で降り止みましたが、杉並豪雨は3時間から4時間降り続いたために、総雨量は杉並区の下井草で264ミリ、同じく久我山で240ミリに達し、練馬区の石神井でも240ミリを記録しました（**図1・4**）。都心の大手町でも82・5ミリに達しています。当日夜のレーダーエコー強度図*をみると、午後9時頃から深夜0時にかけて、茨城県から神奈川県に延びる線状の雨雲が停滞していま

図1-4　東京の積算降水量分布図
2005年9月4日12時〜5日6時の合計

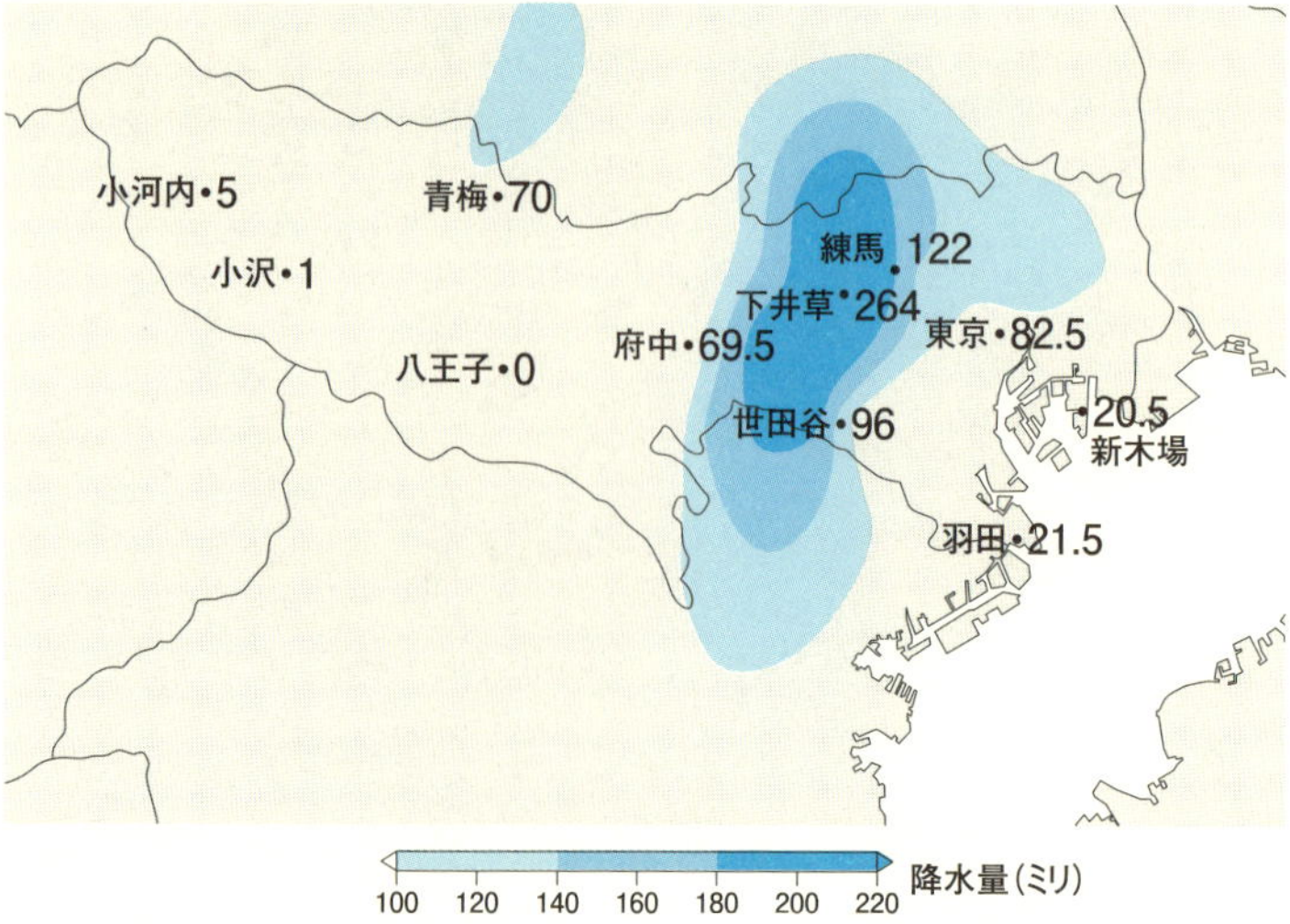

アメダス、東京都および杉並区のデータより（100ミリ以下は省略）

■図1-5　2005年9月4日22時の関東の雨雲

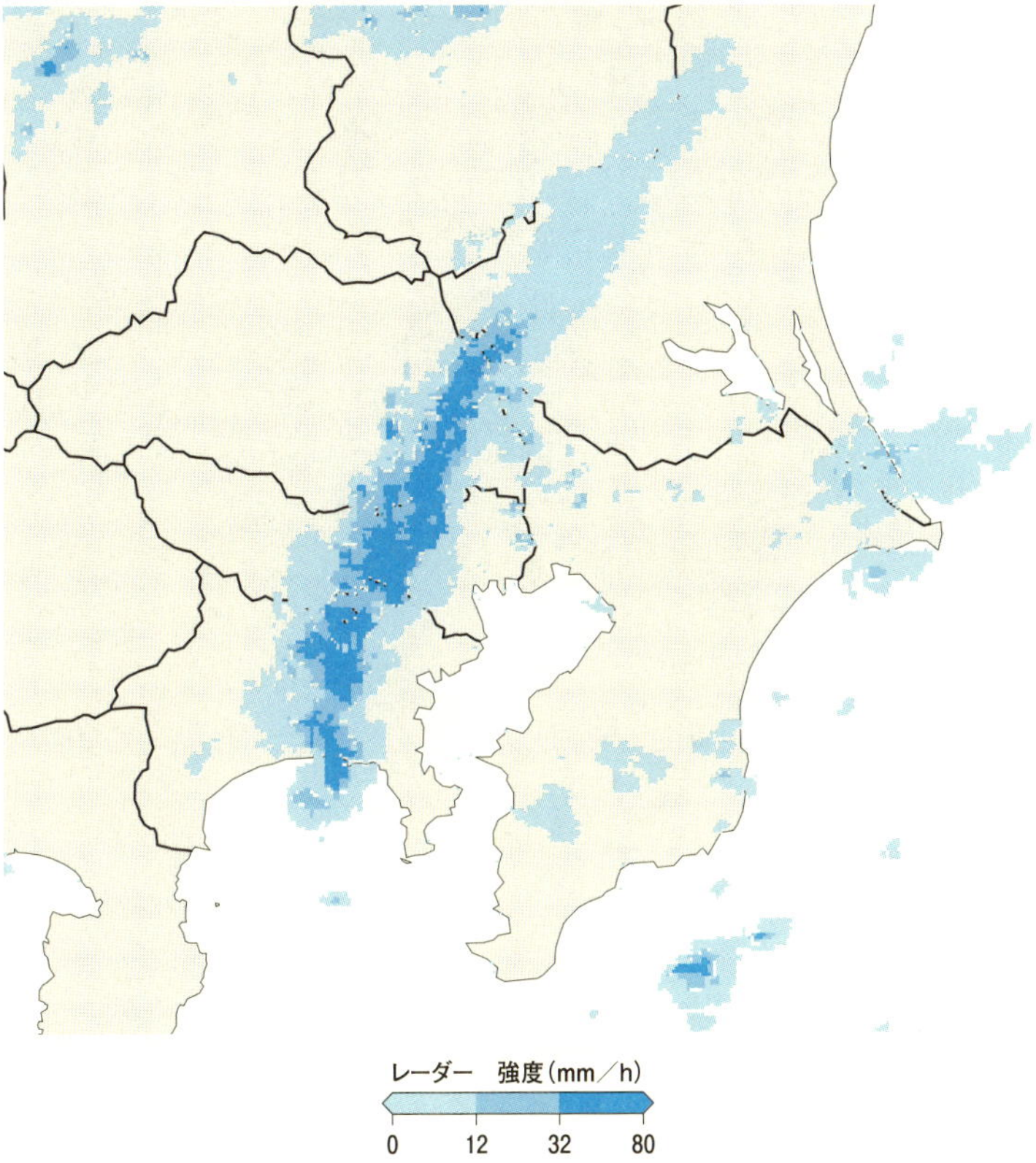

2005年9月4日22時
レーダーエコー強度図（全国合成レーダー）

＊**レーダーエコー強度図**
レーダーエコーとは、発射されたレーダー波が大気中の降水粒子などによって散乱された波のことで、その強さ（レーダーエコー強度）を画像にしたものがレーダーエコー強度図。時々刻々移動する雨雲をとらえるのに役立つ。

す（**図1・5**）。この雨雲のエリアで強い雨が降ったのですが、特に都内で降雨が強まった背景には都市の影響もあると考えられます。

この日の天気図を見ると、強い台風14号が沖縄の東の海上にあり、暖かい湿った空気が日本列島上に流れ込んでいました（**図1・6**）。しかし、東京地方は台風からは遠く離れており、台風の直接的な影響で豪雨になったわけではありません。一方、東北地方南部には、秋雨前線が停滞しており、北から冷たい空気が流れ込みやすくなっていたために、関東地方は大気が不安定な状態にありました。過去の都市型豪雨の多くは、このような気圧配置のときに起こっています。

■図1-6　2005年9月4日21時の日本付近の天気図

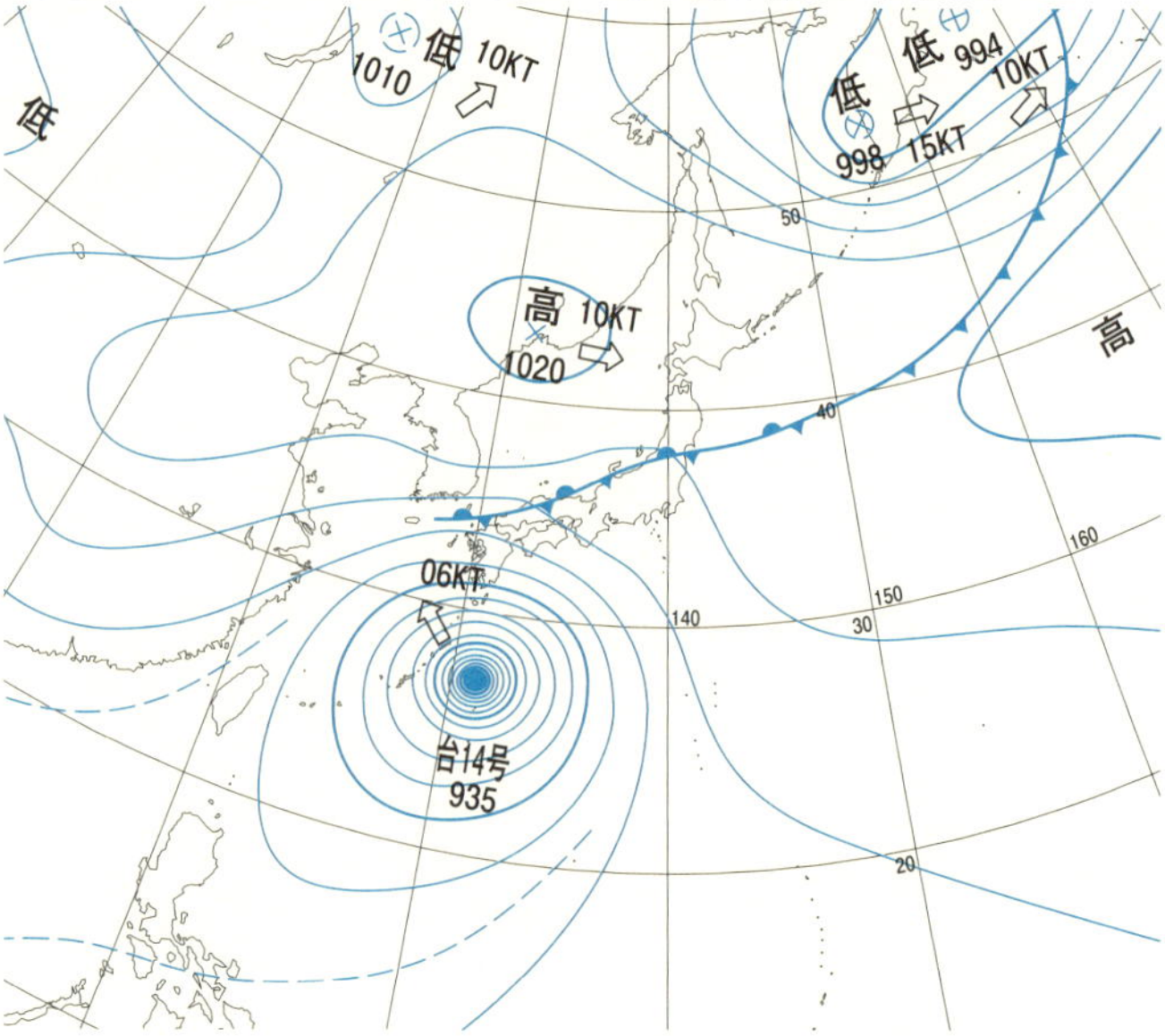

中小河川の氾濫と浸水

この夜の記録的豪雨によって、都内では中小河川が各所で氾濫し、住宅の浸水が相次ぎました。とくに神田川とその支流の妙正寺川、善福寺川からの溢水や下水道からの内水氾濫で、中野区と杉並区では約3200棟が床上・床下浸水の被害を受けたのです。突然の豪雨で浸水はあっという間のできごとでした。翌日の新聞記事によると、「妙正寺川があふれて床上浸水の被害にあった中野区の酒店経営者は、『みるみるうちに川の水位が上がって店の中に水が流れ込んできた。すぐに腰まで水位が上がり、妻を2階に避難させたが、とても外へ逃げられるような状態ではなかった。この場所に移転して38年間で初めて』と話した。」というように書かれていて、いかに浸水が急激であったかがわかります。

杉並区の善福寺川でも川の水があふれて多数の浸水被害が出ましたが、杉並区の作成した浸水被害地域図をみると、被害区域の大半が善福寺川の上流域にかたまっています（**図1・7**）。善福寺川の上中流部では、9月4日の午後8時頃から降り始めた雨が、午後9時頃から10分間に10ミリから20ミリという猛烈な豪雨となって11時頃まで降り続いた結果、午後9時半頃から河川の溢水氾濫*が発生したのです。また、善福

＊溢水氾濫
大雨で河川が増水して氾濫すると洪水が起こるが、増水した河川水が堤防を乗り越えた場合を溢水氾濫と呼び、堤防が壊れて河川水が溢れた場合を破堤氾濫と呼んでいる。

寺川の水位が高いことによる排水不良も加わって、内水氾濫も各所で発生したと考えられます。

満杯になった「環七地下調節池」

東京都心の西を南北に走る環状七号線道路は、通称「環七《かんなな》」と呼ばれ、交通量が多いことで知られますが、その地下40メートルの深さに巨大なトンネルが掘られていることをご存じでしょうか。このトンネルは環七地下調節池と呼ばれており、集中豪雨で神田川があふれる前に水を逃がして浸水被害を軽減する役割を担っています。長さ約2キロで貯水量は24万トンです。

9月4日の豪雨で、午後9時50分頃に水門を開けて地下調節池に水を流し込んだの

■図1-7　2005年9月4日集中豪雨による杉並区の浸水被害地域図
（出典・杉並区）

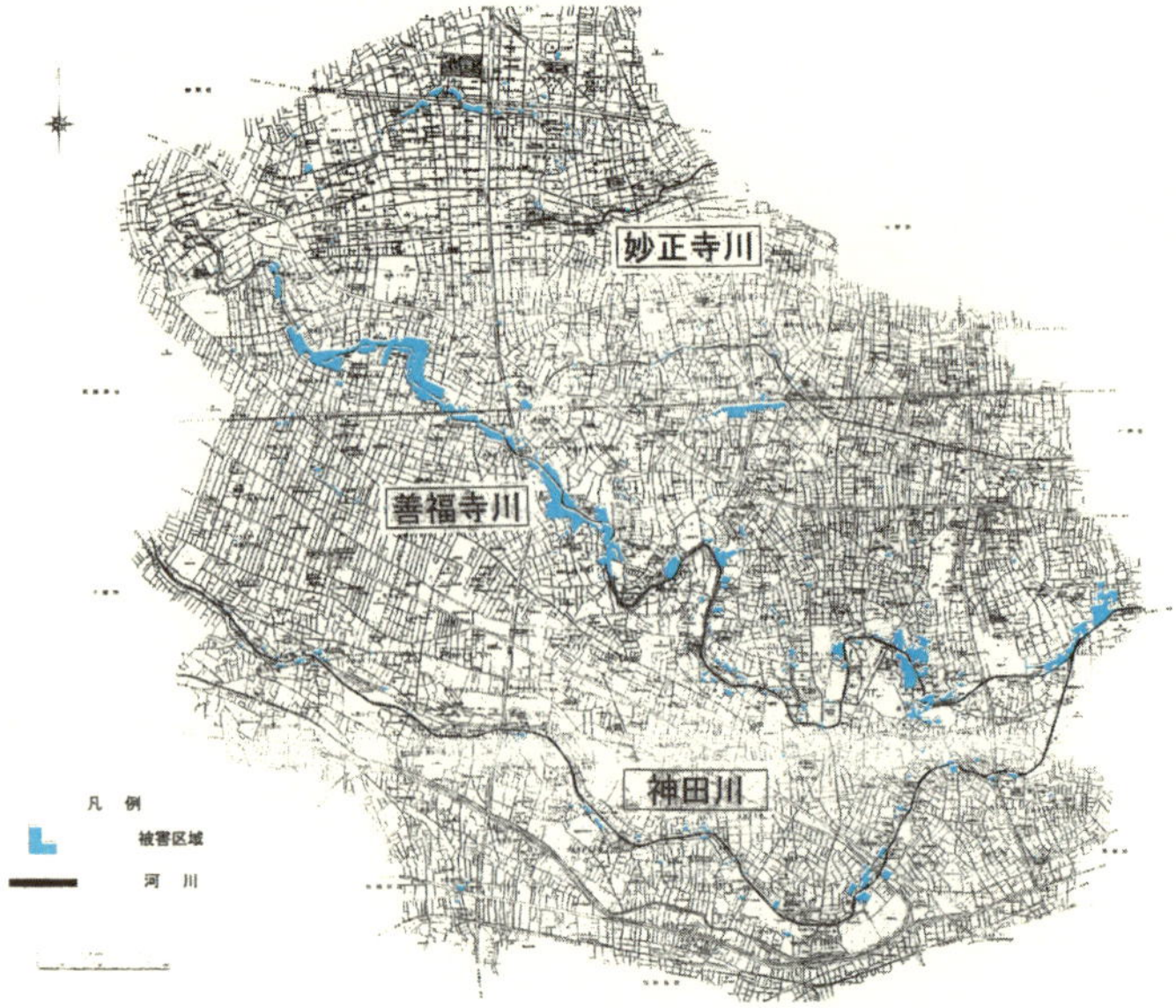

ですが、約1時間で24万トンの貯水量が満杯になってしまったのです。こんなことは地下調節池が使われるようになって初めてのことでした。関係者によると、前年10月に来襲した台風22号の場合、増水した神田川の水を地下調節池に流した結果、川の水位が下がって浸水被害はほとんど出なかったということですが、今回はそれを上回る激しい勢いの雨だったのです。

実は、環七地下調節池の第2期工事部分（**図1・8**）の長さ2・5キロ（貯水量30万トン）が、9月17日から使用開始される予定だったのです。完成済みの調節池とはまだ直接つながっていなかったのですが、空気口が開いていたので、あふれた水を急遽そこに流し込む作業を開始しましたが、間に合いませんでした。もっとも、第2期工事部分の地下調節池を使用しなければさらに被害が拡大した可能性はあるでしょう。

図1-8　環状七号線地下にある神田川・環状七号地下調節池

1-3 これが都市型豪雨

大阪府豊中市の局地的豪雨

都市型豪雨は東京だけに発生するのでしょうか。２００６年8月22日の午後2時10分から3時10分までの1時間に、大阪府豊中市の気象庁アメダス観測所では、１１０ミリという猛烈な豪雨を記録しました。大阪府内のアメダス観測所で1時間に１００ミリを超える豪雨が降ったのはこれが初めてでした。この日、奈良県や和歌山県の山間部でも1時間30ミリから50ミリの大雨が降っていますが、大阪府内では豊中以外ではほとんど雨が降っていません（**図1・9、表1・2**）。午後2時40分のレーダー画像や1日の降水量分布図をみると、雷雨をもたらした雨雲が大阪を横切って東西に延びていますが、豊中市から北東方向の狭い範囲にだけ大雨が降ったことがわかります。

この日は台風10号くずれの熱帯低気圧が日本海を通過したために、暖かい湿った空気が南から流れ込み、上空には弱い寒気があって大気が不安定な状態になっていました。大阪府内では日中に気温が上昇し、昼過ぎには豊中市で34℃を超える暑い日となったのですが、東西に延びる発達した雨雲の帯が南に下がってくる途中で、豊中市付近に1時間１００ミリを超す集中豪雨をもたらしました。豊中だけでなく、この日の日中の気温は広い範囲で33℃を超えており、雨雲が地上の熱の島（ヒートアイランド）を通過することで急速に発達して豪雨を降らせた可能性を示唆しています。

この日の集中豪雨で、大阪府豊中市や兵庫県尼崎市、伊丹市などで700棟近い家屋が床上・床下浸水の被害を受けました。

■図1-9　近畿地方の2006年8月22日の降水量分布図（大阪管区気象台より）

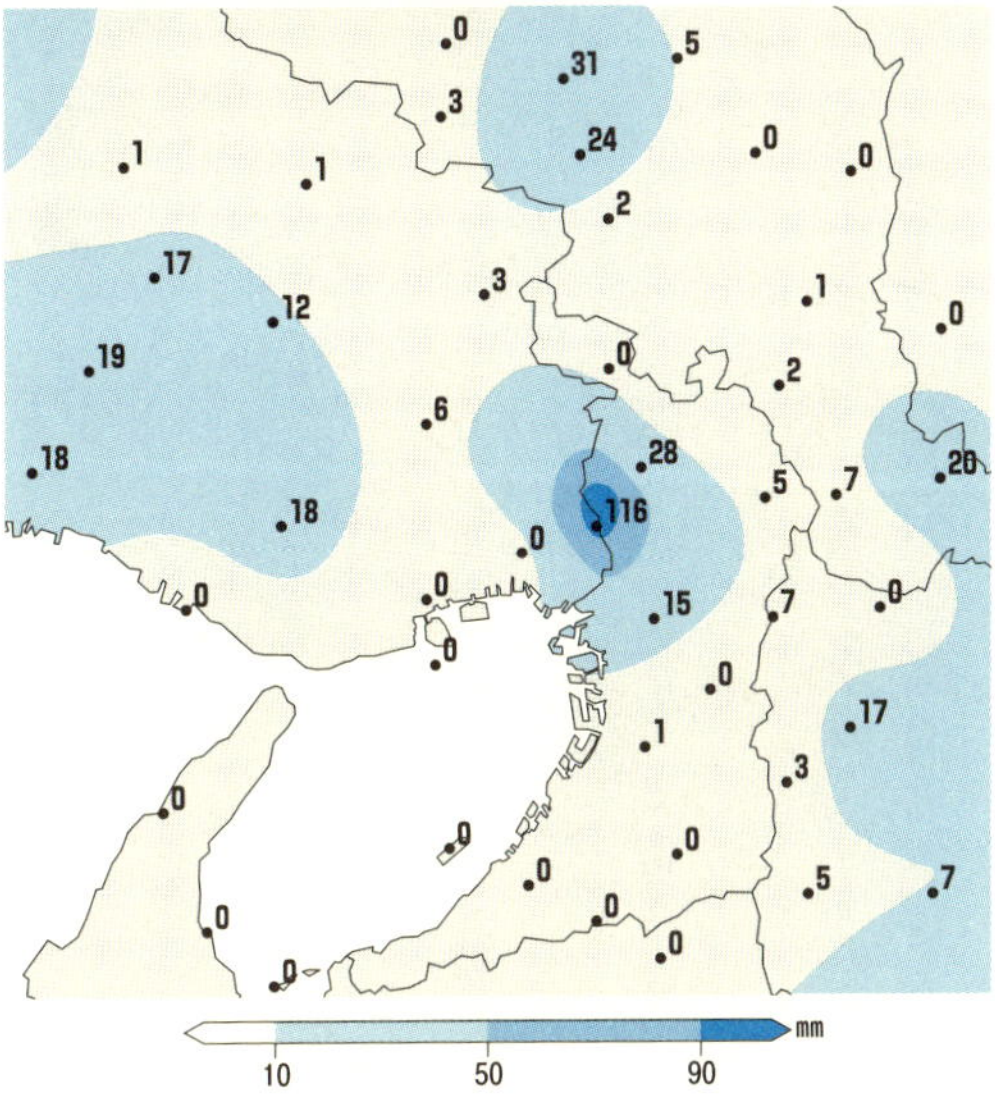

■表1-2　2006年8月22日、1時間降水量の多い方から5地点

順位	府県名	市町村名	地点名（よみ）	値(mm)	起時	
					日	時分
1	大阪府	豊中市	豊中（トヨナカ）	110	22	15:10
2	奈良県	吉野郡上北山村	上北山（カミキタヤマ）	53	22	16:20
3	奈良県	宇陀市	大宇陀（オオウダ）	37	22	14:40
4	奈良県	吉野郡上北山村	日出岳（ヒデガタケ）	35	22	17:00
5	奈良県	吉野郡十勝川村	風屋（カゼヤ）	30	22	16:30

1-4
これが都市型豪雨

アメリカの工業都市シカゴが雨を呼んだ?

ラポートだけで増えた降水量

シカゴは、アメリカ五大湖の一つミシガン湖の南西岸に位置する工業都市です。今から40年ほど前、イリノイ州水利調査局の研究官チャンノンは、シカゴの東南東約50キロにあるラポートという小さな町の観測所の降水量データを調べていて奇妙なことに気がつきました。1905年から1965年までの年間降水量をグラフにしてみると、1920年頃から1940年代までの期間に降水量が急激に増加していたのです。この町から40キロほど離れた周辺の観測所のデータには、特に大きな変化は見られませんでした。チャンノンは、この地域の風向きが西風で、ラポートは工業都市シカゴのちょうど風下に位置することと降水量の増加に何か関係があるのではないかと考えたのです。シカゴは工業都市であり、そこから排出される汚染物質が西風にのってラポートの町にやってきた可能性があります。そこで、シカゴのスモッグ日数の変化を、同じ期間についてグラフにしてみると、1930年頃から1940年代にかけて急に増えていることがわかったのです（**図１・10**）。

　また、降水量を周辺の観測所と較べてみると30％も多く、夏の雷日数はさらに多くなっていることが明らかになったのです。しかし、この研究結果については、「降水の増加は本当だろうか？　観測者や雨量計に問題があるのではないか？　ラポートだけの現象なのか、それとも他の都市近辺でもおこる現象なのか？」といった疑問も出されて、学界で論争となりました。そこで、チャンノンはアメリカの

■図1-10　シカゴ周辺の降水量とシカゴのスモッグ日数

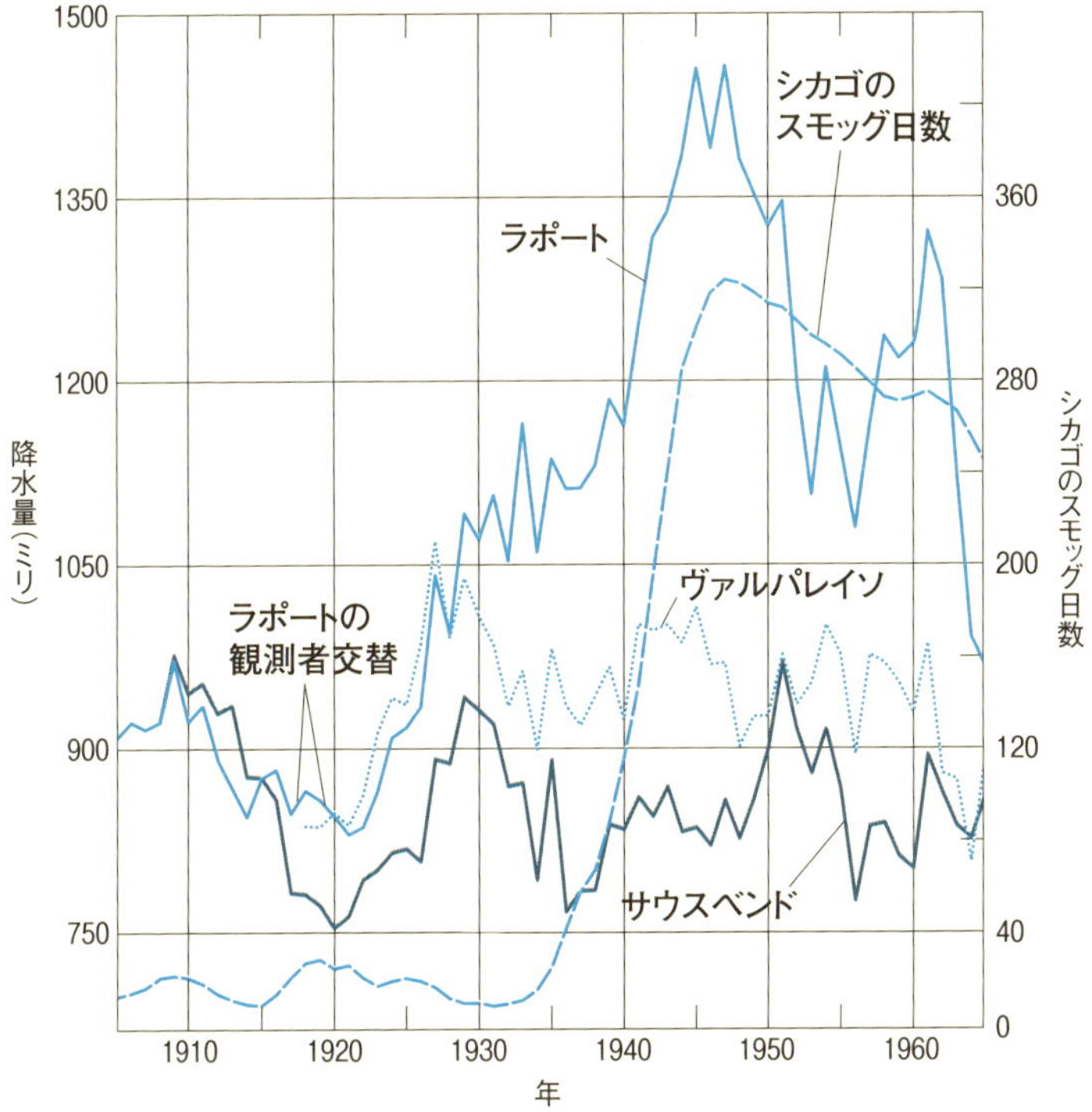

シカゴのスモッグ日数は５年移動平均
（Changnon：1968、原田：1982を修正）

6つの大都市についても、降水量の変化や周辺との比較をしてみました。その結果、6つの都市すべてで、1955年~70年の期間中に9%から17%の夏の降水量増加が認められたのです。夏の雷日数も、最大41%増加したことが明らかになりました。

また、都市の風下地域での降水量増加は、都市の大きさや工業地域から排出される微粒子(雨粒の核)の量、都市の熱的な影響などと関連が深いこともわかりました。こうして、チャンノンによるラポートの研究結果を機に、多くの研究者が都市と降水の関係に関心をもつようになり、活発な議論が生まれるきっかけとなったのです。

1-5 これが都市型豪雨

セントルイスの都市気象観測プロジェクト

大都市とその周辺を詳細に観測するメトロメクス

都市化で本当に降水量が増加したのかどうかを確かめるには、過去の観測データの分析だけでは不十分です。かといって、物理や化学のように、室内で実験してみるというわけにはいきません。いくら実験室の中にミニチュアの都市を作ってみても、そこに雲を発生させ、雨を降らせることはできません。最近では、大型コンピュータを使った気象モデルによるシミュレーションで、ある程度の気象予測が可能になっていますが、実際の大気現象は複雑なために、現状では都市の効果による降水量の変化を高精度で予測できる水準にはまだ達していません。

そうなると、実際の都市とその周辺で詳細な気象観測を行ってみるのが、現象を把握し、原因を追及するためには不可欠となるのです。大規模な観測場所として選ばれたのが、アメリカ中西部の商工業都市セントルイスでした。大平原の中にあって気象が局地的な地形などの影響を受けにくいため、観測場所としては適していたのです。

この気象実験計画はメトロメクス（METROMEX）と呼ばれ、イリノイ州水利調査局をはじめ6つの研究機関が協力して1971年から5年計画で始められました。

メトロメクスが目指したのは、大都市とその周辺で雨の降り方に地域的な偏りが出ることを確認し、その原因を解明するとともに、それが社会に及ぼす影響を見積もることでした。とくに、都市開発が気象に与える影響を明らかにすることは重要な課題でした。

詳細な降水量分布をとらえるために、多数の雨量計が設置されました（**図1・11**）。セントルイスの中心部から半径45キロメートルの範囲内に、ほぼ4・5キロメートル間隔で250台の自記雨量計が設置されたのです。同じ場所に、雹（ひょう）の感知器も設置されました。

■図 1-11　セントルイス周辺に多数設置された雨量計

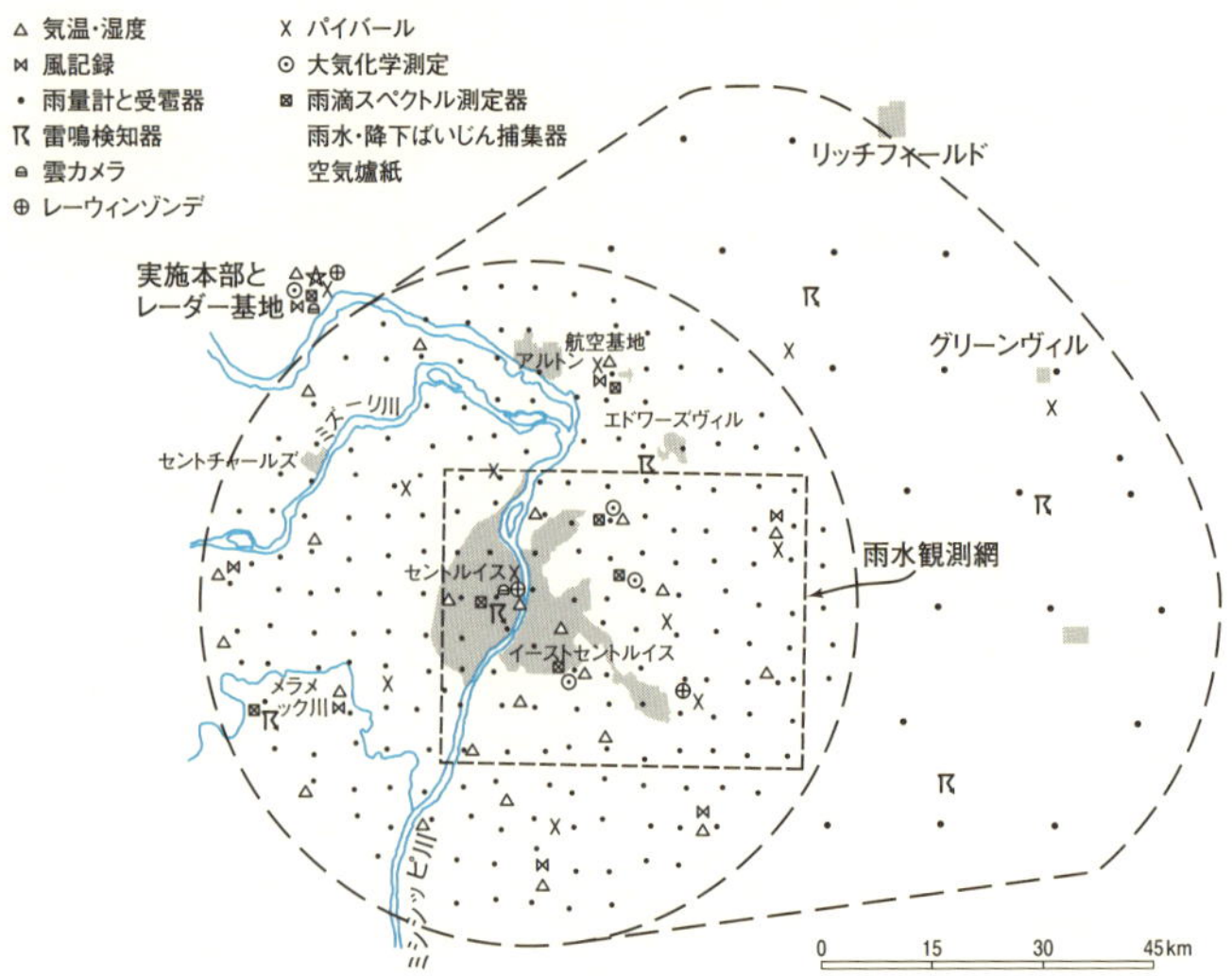

イリノイ州水利調査局（1974）、原田朗；大気の汚染と気候の変化（1982）

そのほか、24カ所で気温湿度を、7カ所で風向風速を観測しました。さらに、雨雲の動きをとらえるため、気象レーダーを3カ所に設置しました。

明らかになった都市と周辺との降雨・雷の違い

メトロメクスの大規模な観測によって、都市とその周辺で雨の降り方や雷の発生に顕著な地域差があることが明らかになり、降水や降雹の分布に都市が及ぼす影響を客観的に評価できるようになったのです。たとえば、1972年の夏の降水量分布図（**図1・12**）を見ると、明らかにセントルイス市の北東部で降水量が多くなっています。この年は南西からの風が吹くことが多かったため、セントルイスの風下に当たる地域で雨が多かったのは都市の影響と

図1-12　セントルイス周辺の夏（6～8月）の降水量分布

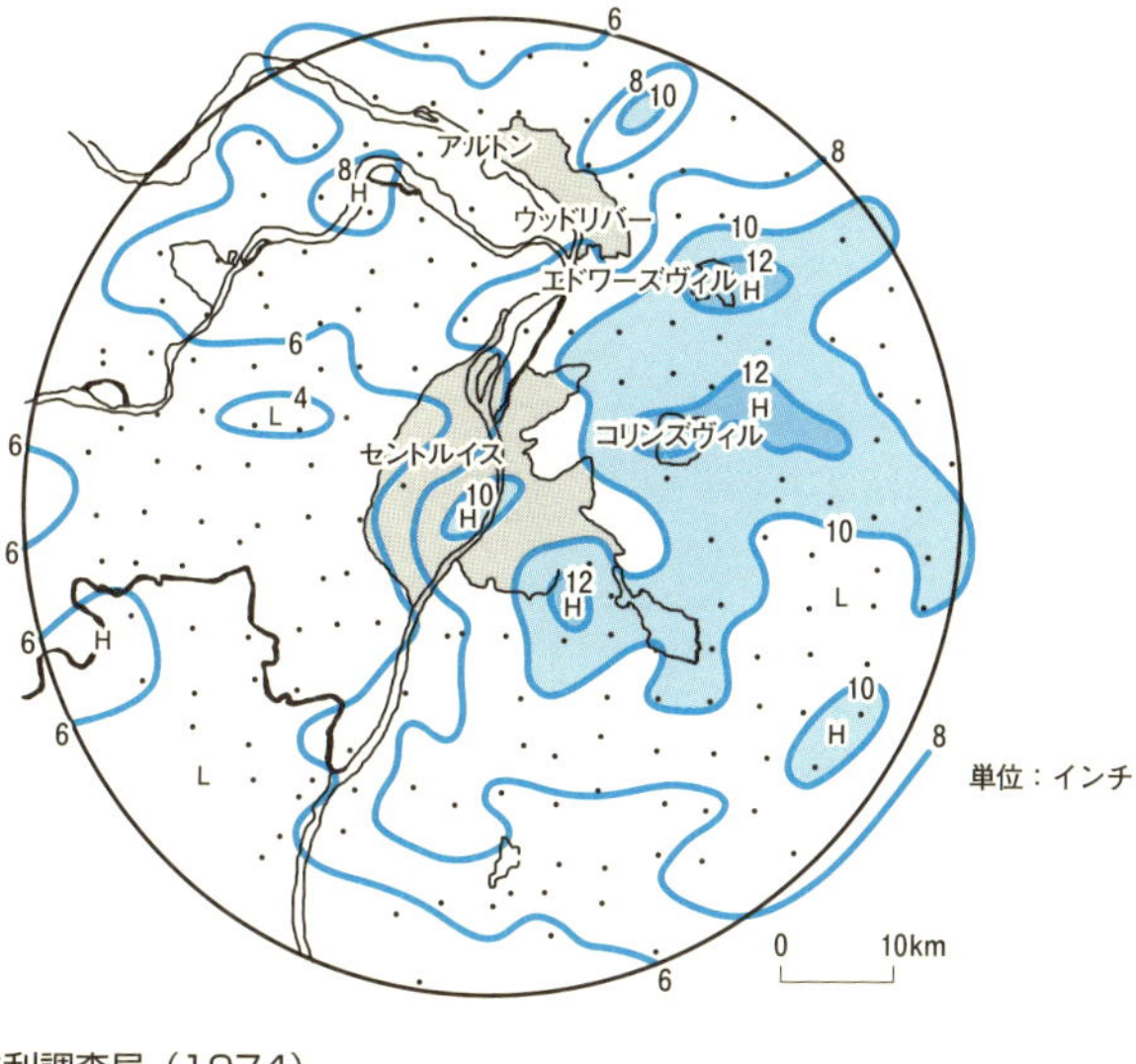

イリノイ州水利調査局（1974）

考えられます。

週末と平日の雨量をふた夏に渡って比較した観測結果も報告されています。それによると、週末の雨量は平日の雨量に比べて20%近く少なかったそうです。この差が都市活動によるものかどうかは確証できませんが、興味深い結果だと思います。

雷の日数にも、セントルイスと郊外の差が顕著に現れました。夏3カ月間の平均雷日数の分布をみると、明らかに市の中心部で29日と最も多く3日に1回は雷が発生していたのに、都市の中心から東に30キロメートル離れた風下の郊外では発生日数が15〜18日程度にまで減っています。

雷の発生回数が多いと送電線への落雷被害も増えるため、都市化と雷発生頻度の関係についてはその後も数多くの研究がなされており、最近では2005年夏にHEAT（ヒューストン環境エアロゾル雷雨プロジェクト）と呼ばれる気象観測実験がアメリカ南部テキサス州の大都市ヒューストンで行われました。HEATの目的は、都市の大気汚染やヒートアイランドがヒューストン地域の豪雨や落雷に及ぼす影響を科学的に調査することですが、その研究成果が期待されます。

1-6
これが都市型豪雨

50年前の日本の都市でも雨が増えた？

これまで述べてきたように、アメリカでは１９６０年代から都市化による風下地域での降水増加が指摘されていますが、日本ではどうでしょうか。

日本の都市は山地に近かったり、海岸に面していたりするため、アメリカのセントルイスで行われたメトロメクスのような大規模気象観測実験を行うには適していません。

興味深いことに、今から約50年前の日本でも、都市内外の降水量に差が認められるという研究結果が報告されています。筑波大学名誉教授の吉野正敏氏は、１９５７年に発表した論文で、東京都区内における１９４３年の１年間の降水量と微雨（１日の降水量が0・1～1ミリ）日数の分布図を作成して比較した結果、年降水量は都市域と無関係な分布を示したのですが、微雨日数は明らかに都心部に集中して大きな値になっていることを明らかにしました。微雨だけの降水量を合計すると、都心部は郊外よりも50ミリから１００ミリ多いということもわかりました。当時の大都市域では、ヒートアイランドよりもスモッグに代表されるような大気汚染問題が深刻で、それらが微雨日数の増加に寄与した可能性を示唆しています。しかし、このような傾向は1950年代までで、1960年代についてみると、微雨日数も強雨日数も減少傾向にあることがわかりました。吉野正敏氏はこれについて、東京都心部における主たる燃料が石炭から石油に変わったために、凝結核が少なくなったことや、水蒸気そのものの減少が影響しているのではないかと指摘しています。

その後しばらくは、都市における降水の増加を指摘した研究は余りなされませんでしたが、1980年代になると大雨や豪雨についても都市化の影響が出ているとする研究結果が報告されるようになりました。8月に日降水量が31ミリ以上あった大雨日数を5年ごとの集計で比較した研究によると、1957〜61年の5年間に比べて、1972〜76年の5年間では、東京周辺では降水量が減っているのに、区部を中心とする都市域では顕著に増加していることがわかりました（Yonetani,1982）。

このように、調査する年代によって都市化と雨の降り方の関係は変化する傾向にあるといえます。とくに、近年は温暖化が降雨に与える影響に関心が高まっていますが、これについては第6章で述べたいと思います。

第2章

豪雨が発生するしくみを考える

2-1 豪雨が発生するしくみを考える

雨はどうして降るのか

雨のもとは水蒸気

言うまでもありませんが、雨のもとは水蒸気です。目に見えませんが、私たちをとりまく空気の中には水蒸気が含まれており、その割合が高いと湿気を感じ、低いと乾いていると感じます。

空気が含むことのできる水蒸気の量を、普通は圧力で示し、「**飽和水蒸気圧**」と呼んでいます。飽和水蒸気圧は、空気の温度に依存します。**図2・1**のように、温度が高くなるほど飽和水蒸気圧は増大します。たとえば、温度が10℃のときの飽和水蒸気圧は12ヘクトパスカルですが、20℃のときは23ヘクトパスカル、30℃では42ヘクトパスカルというように増えていきます。これを、1立方メートル当たりの重さ（飽和水蒸気密度）に直すと、10℃で9・4グラム、20℃で17・3グラム、30℃で30・4グラムとなり、気温が10℃上昇するごとにおよそ2倍になります。

一般に、空気の湿り具合を示す場合、「相対湿度」（%）が使われます。ある温度のときに、単位容積の空気中に含まれている水蒸気の量を、そのときの飽和水蒸気密度に対する比率で表したのが相対湿度です。気温が30℃のときに、1立方メートルに15グラムの水蒸気が含まれていれば、湿度は約50％です。このまま気温が10℃下がれば、湿度は15÷17・3×100で約87％ということになります。つまり、同じ水蒸気の量でも、気温が変化すると相対湿度は変わるのです。

水蒸気が水になる条件

雨は空から降ってくる小さな水滴の集合です。雨のもとは水蒸気ですから、水蒸気が空に運ばれて水滴となり、雨となって降ってくることになります。そこでまず、水蒸気が水になるしくみを考えてみましょう。前に述べた飽和水蒸気圧に話を戻します。30℃で1立方メートル当たり15グラムの水蒸気を含んでいた空気の温度が18℃まで下

■図 2-1　飽和水蒸気圧と気温の関係

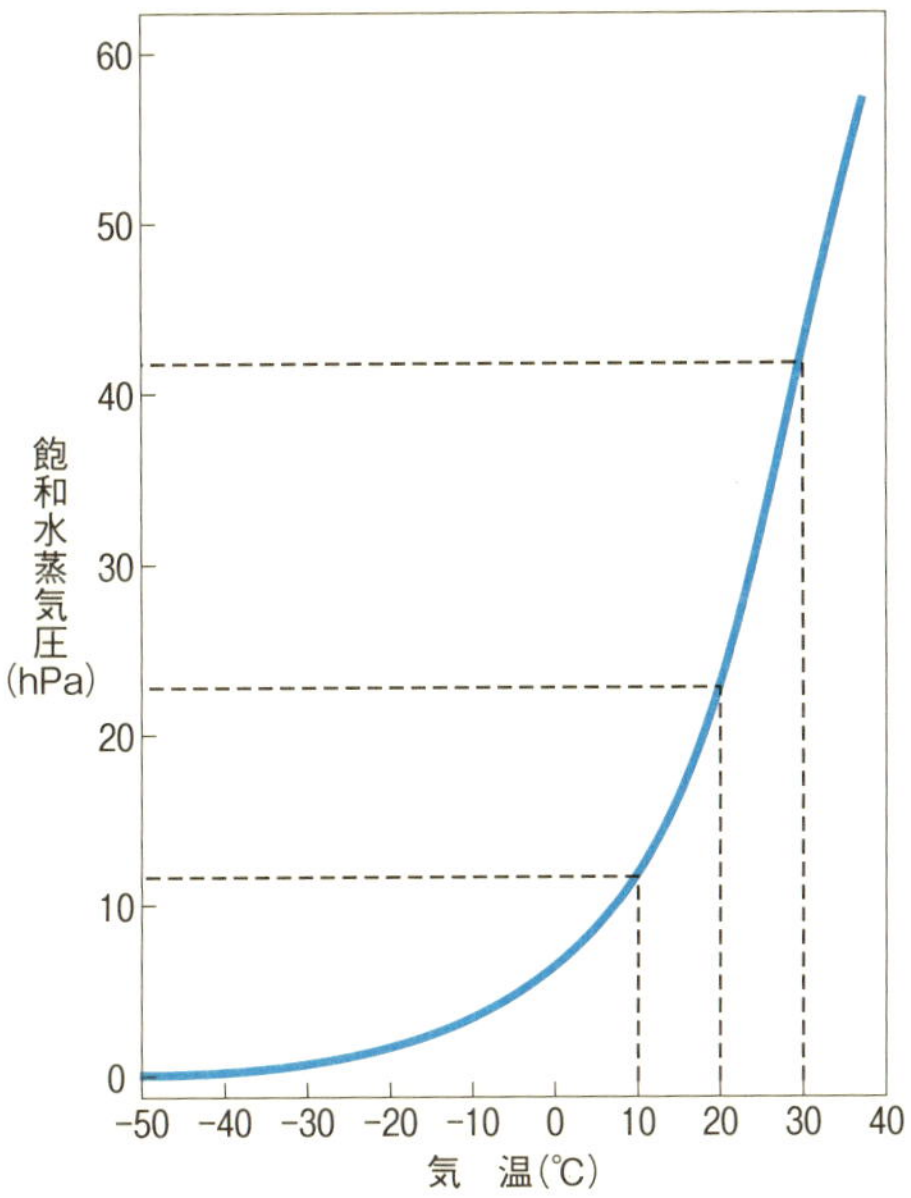

がると、湿度はほぼ100％になります。水蒸気の量が変化せずにさらに温度が下がると、水蒸気は凝結して水に形を変えます。このとき、「凝結熱（潜熱）」が放出されます。逆に、水が蒸発して水蒸気に変わるときは「蒸発熱（潜熱）」が奪われます。ただし、相対湿度が100％を超えるような状況でも水滴が生じない場合があり、これを「過飽和」と呼んでいます。

水蒸気を含んだ空気が上昇していく過程で、まわりの気温が下がると、同じような原理で水滴が生ずることになります。後で述べる雲の形成がそれに当たります。

空気は上昇するとどうなるのか？

山に登り、高度が上がるにつれて涼しくなっていく、こんな経験をどなたも一度は記憶していることでしょう。地上で30℃を超す暑い日でも、3000メートルの高山では10℃程度で寒いくらいです。これは、上空ほど気温が低くなるためです。高度とともに気温が下がる割合を「気温減率」と呼んでいます。気温減率は、乾燥した空気では1000メートルにつき約10℃（乾燥断熱減率）ですが、湿った空気の場合（湿潤断熱減率）は1000メートルにつき2℃から8℃くらいまで変化します。

ここで、地上にある空気の塊が上昇する場合を考えてみましょう。**図2・2**では、地上の気温が30℃で、1000メートル上がるごとに6・5℃低下しているとします。したがって、高度1000メートルでは23・5℃、2000メートルでは17℃になっています。

いま、地上にある乾いた空気の塊（水蒸気をまったく含まない空気）を、周囲との熱のやり取りを絶った状態で上空に持ち上げたとします。上空に行くほど気圧は低下しますから、この空気の塊（以後、空気塊とよぶ）は断熱膨張し、周辺の空気を押し広げるという仕事をすることで空気塊そのものは冷えていきます。乾燥したこの空気塊の温度は、1000メートル上空では約10℃下がって20℃になります。ところが、この高さでの周囲の空気の温度は23・5℃ですから、乾燥した空気塊は周囲の気温より低くなります。このため、密度が高く重い空気塊はそれ以上上昇することができず、下降して元に戻ろうとする力が働きます。このような状態を、「大気が安定している」といいます。大気が安定していると、豪雨を降らせ

図 2-2　空気の上昇と気温の関係

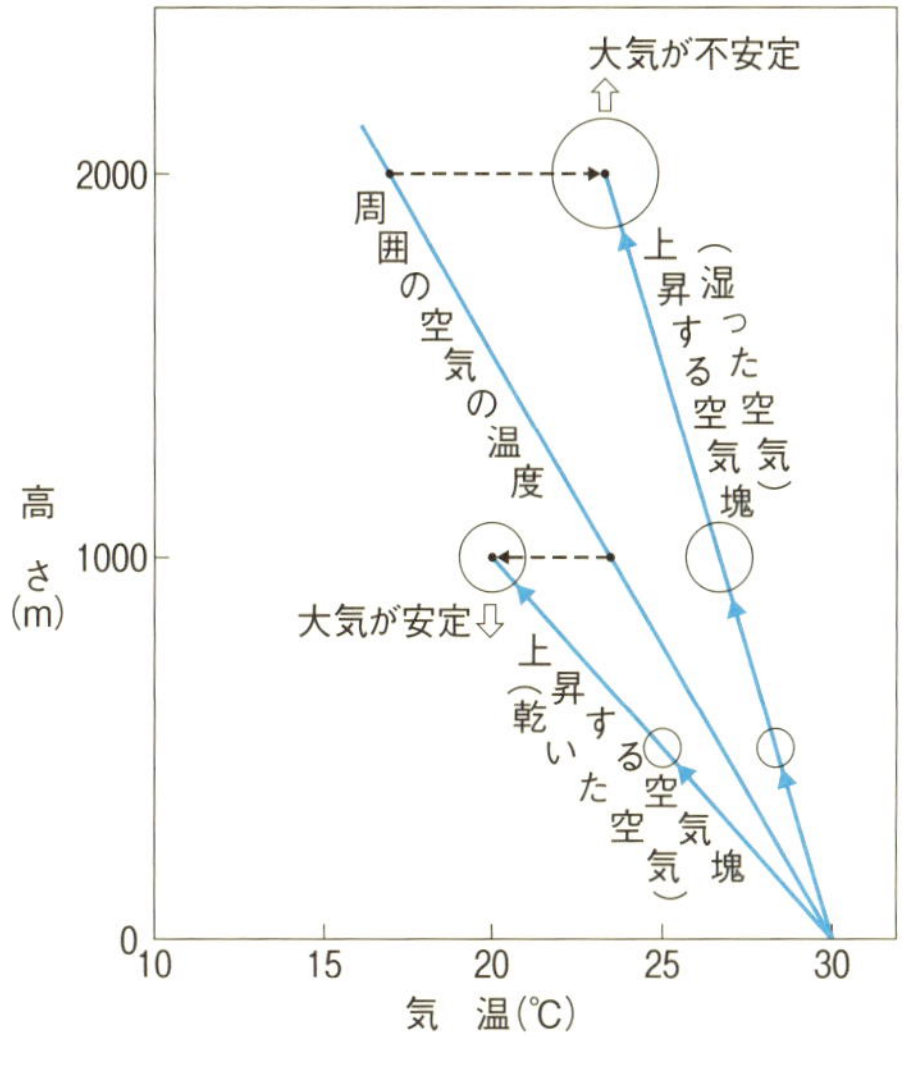

るような積乱雲は発達しにくくなります。

大気が不安定とは?

それでは、逆に湿った空気塊が上昇するとどうなるのでしょうか。地上にある非常に湿った空気（飽和状態）が断熱的に上昇する場合を考えてみたいと思います（**図２・２**）。この空気塊の温度は地上では周囲と同じ30℃ですが、断熱膨張して１０００メートル高度に達しても、３・３℃しか低下しないため、空気塊の温度は２６・７℃と周囲の気温よりも約３℃も高い状態におかれます。そうなると、周囲よりも温度が高く軽い空気塊は、浮力によってさらに上昇を続けることになります。２０００メートル上空では、周囲との温度差がさらに増して６℃も高くなるため、浮力がいっそう強まり上昇速度が速まってきます。このような状態を「大気が不安定」といいます。

水蒸気で飽和した空気塊は、上昇して温度が下がると水蒸気の凝結熱（潜熱）を放出するため、気温減率を小さくすることになり、周囲の空気よりも暖かい軽い状態が持続するのです。こうして、上空まで持ち上げられた大量の水蒸気が凝結して雲を作り、さらに積乱雲にまで発達すると、ときには豪雨がもたらされます。

つまり、「地上の空気塊に大量の水蒸気が含まれ湿っているほど、大気が不安定となって豪雨を引き起こしやすい」ことがわかります。また、飽和水蒸気の量は、気温が高いほど増えますから、季節的には、夏がもっとも湿って大気が不安定な状態になりやすいということになるのです。

空気塊を上昇させる4つのしくみ

湿った空気塊が地面から上昇していくためには、何らかの外からの力が働く必要があります。ジェットコースターがレール上を滑り降り始めるまでは、急斜面を昇るために車体を引っ張り上げる外からの力が必要になるのと同じです。

空気塊を持ち上げるしくみとして4つほど挙げることができます（**図2・3**）。

・地面が暖められ上昇

一つめは、地面が温められて対流が生じ、そこに接する空気塊が上昇するケースです。空を飛ぶ鳥は、このような上昇気流をうまく利用して空中散歩をしています。熱せられた空気は、「サーマル」とよばれる泡の状態で地上付近の水蒸気を上空に運び上げる役目を果たします。こうして次から次へと上空に運ばれた水蒸気が凝結して雲を発生させるのです。

夏の青空に浮かぶ白い雲は時間とともに形や位置を変え、見ていて飽きることがありません。綿の固まりのような雲は積雲とよばれ、夏の風物詩といえます。

■図 2-3　空気塊を持ち上げる４つのしくみ

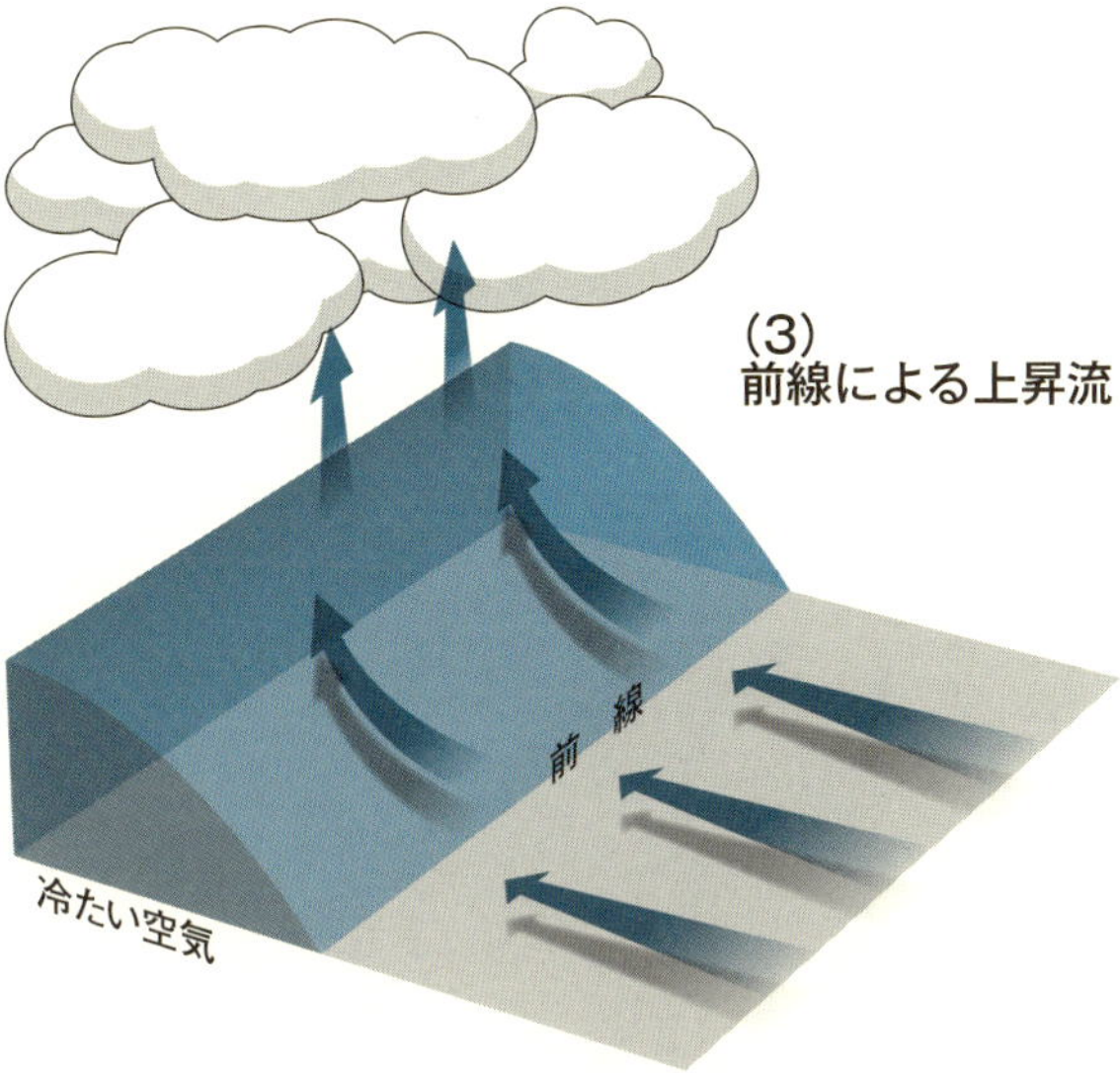

(3)
前線による上昇流

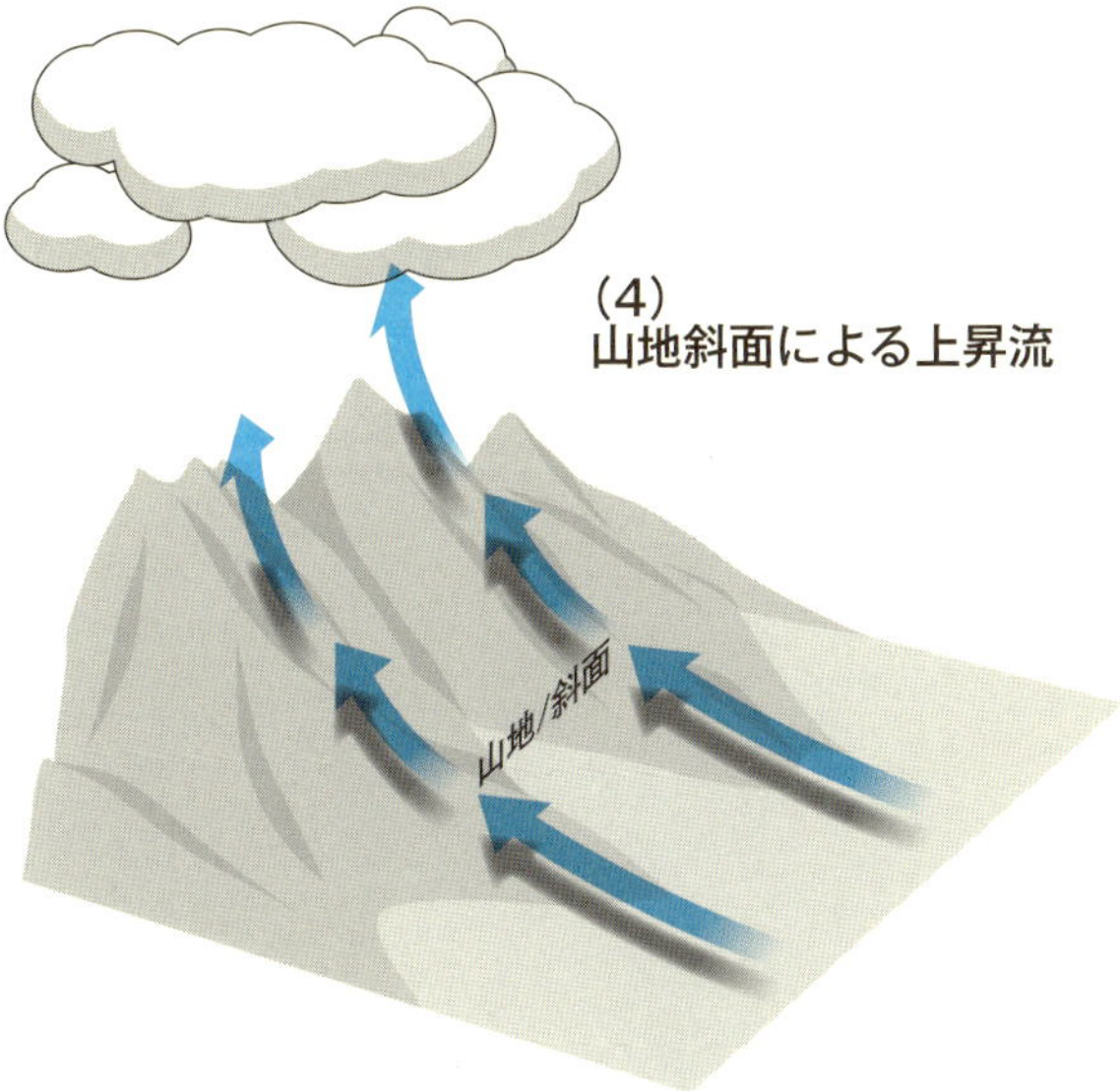

(4)
山地斜面による上昇流

・空気が流れ込んできて上昇

二つめは、地表面付近での風の「水平収束」によって生ずる上昇流です。ある水平面のエリアを考えたとき、そこに流れ込んでくる空気の量がそこから流れ出ていく空気の量よりも多いとき、水平収束があると考えます。逆に、流入する空気よりも流出する空気の量が多い場合を、「水平発散」と呼んでいます。

例えば、地表面の限られた水平エリア内に周囲から風が吹き込んできたとします。集まった空気は地下に潜ることはできないので、必然的に上昇します。これが、水平収束によって上昇気流が生ずるメカニズムです。湿った空気が水平収束によって上昇すると、上空で凝結して雲ができます。天気図に現れる低気圧の中心付近では、周囲から風が吹き込んで水平収束が起こっているため、上昇気流が生じ雲を発生させるのです。気象衛星の画像で、雲の塊が広がっているところには多くの場合、低気圧が存在します。無論、台風の中心部でも水平収束が起こっており、強い上昇気流が作られます。天気図に現れるような大きさの低気圧や台風でなくとも、何らかの原因で風の水平収束が起これば、上昇気流が生じて雲が発生し、ときには積乱雲にまで発達して局地的な大雨をもたらすことも考えられます。これについては、後の章で詳しく説明します。

・**前線による上昇**

空気塊を持ち上げるしくみの三つめは、「前線による上昇流の発生」です。冷たい空気と暖かい空気の境目を前線と呼んでいますが、冷たい空気（寒気）は重いために、暖かい空気（暖気）の下に潜り込むような形で進んでいきます。前線は立体的に見ると線ではなく、暖気に突っ込むくさび状の前線面を形成しています。湿った暖気が前線面に乗り上げる形で上空に持ち上げられ、上昇した水蒸気の凝結で雲ができるのです。天気図に現れるような前線ばかりでなく、後で述べる海風前線やガストフロントによっても空気塊は持ち上げられます。

・**傾斜地を駆け上がり上昇**

四つめは、山地斜面による空気塊の上昇です。これまでに述べてきた上昇メカニズムは、いずれも空気の性質やぶつかり合いが原因でしたが、斜面による上昇気流は地形性の上昇といえます。海から吹いてきた風が山地にぶつかると、山地斜面を強制的に上昇していきます。湿った空気が斜面に沿って上昇する過程で凝結し、雲が作られます。特に夏の午後に見られる、後で説明する谷風で山地斜面を吹き上がった湿った空気でわき上がる雲は、夏山登山者にはおなじみの光景です。

2-2
豪雨が発生するしくみを考える

雨は「雲」から降ってくる

雲ができるためには

雲にはさまざまな形と性質があります。ときに激しい雷雨をもたらすまでに成長する積乱雲は、地上から十数キロの高さにまで達して水平に広がる「カナトコ」状の雲として知られています。雲は非常に小さな水や氷の粒が集まってできています。どのくらい小さな粒かというと、半径が0・001ミリから0・1ミリくらいです。

水蒸気が凝結して雲になるためには、雲粒の核になる大気中の微粒子が必要です。このような微粒子を「エアロゾル」*と呼んでいます。エアロゾルには、地表面から吹き上げられた土壌粒子や火山の噴火で放出された火山灰粒子、海面のしぶきが起源の海塩粒子、大気汚染によるさまざまな微粒子などがあります。

このように、水蒸気を凝結させて雲粒をつくる核になる役割をはたす微粒子を「凝結核」といいます。前に述べたように、湿った空気塊が上昇するにつれ、断熱膨張によって温度が下がるため、湿度100％の飽和状態になり、さらに数％湿度が増して

＊**エアロゾル**
大気中に浮遊する微小な液体または固体の粒子をエアロゾル（aerosol）という。エアロゾルは、その生成過程の違いから粉じん（dust）、フューム（fume）、ミスト（mist）、ばいじん（smoke dust）などに分類される。

過飽和状態になることがあります。このような状態で空気中に凝結核があると、水滴が生じて雲ができるのです。

雲から雨になるしくみ

雲が空に浮いていられるのはなぜでしょうか。19世紀初め頃までは、科学者でさえ雲粒は水滴が泡のようになっているので空に浮かんでいられるのだと信じていたほどです。平均的な雲粒の半径を0・004ミリとすると落下速度は1秒間にわずか5ミリ程度です。こんな速度では、地上に達するのにかなりの時間がかかるだけでなく、途中で上昇気流があれば再び上空にもどされるでしょう。しかし、雲を作っている水滴が集まって大きくなり、半径0・1ミリくらいになると霧雨となって地上に降ってきます。さらに水滴が大きくなって半径1ミリから2ミリくらいになると、雨粒をはっきりと目で見ることができるようになります。

いま仮に雨粒の大きさを半径2ミリ、雲粒の大きさを半径0・02ミリとすると、**図2・4**のように半径は100倍ですが、容積は100万倍になります。これは、雲粒を半径2センチのピンポン球と考えた場合、雨粒は半径2メートルもの巨大なボールになってしまいます。小さな雲粒がたくさん集まって雨粒にまで成長するには、水滴同士が衝突を繰り返しながら落下していく途中で、小さな雲粒を取り込んで併合し、大きくなっていくことが必要です。雨粒はどこまで大きくなれるでしょうか。あまり大きくなると雨粒は分裂してしまいます。最大でも半径3ミリくらいまでです。

暖かい雨と冷たい雨

雨には、「暖かい雨」と「冷たい雨」があります。雲から雨になるしくみのところで説明したのは「暖かい雨」で、熱帯地方でよく見られます。

温帯地方では、上空の気温が0℃以下になることが多く、しかも水蒸気が0℃以下になっても凍らず、ときにはマイナス20℃以下の過冷却状態になった雲粒が存在するのです。このような冷たい雲の中では「氷晶」と呼ばれる小さな氷の結晶が

■図 2-4　雨粒は雲粒の半径の 100 倍、容積は 100 万倍！

作られますが、それらは過冷却の水滴を集めて成長しながら落下していきます。

地上の気温が低く、融けずに降ってくるのが雪です。途中で0℃以上になって融けると雨になります。このように重くなった氷晶が落下してくる場合を「冷たい雨」と呼びます。日本では、降ってくる雨の約80％は「冷たい雨」といわれています。

雨を人工的に降らせることができるか？

ところで、昔から日照りが続くと農作物への被害を心配して、各所で雨乞いの行事が行われてきたものです。雨乞いは神頼みですが、それでは人工的に雨を降らせることは可能でしょうか。実は、雨を降らせるには、雲の中に人工的に氷晶核を作ってやればよいのです。雲の温度を下げるためにドライアイスを使うこともあります。人工的な氷晶核としては、ヨウ化銀がよく使われます。これらの物質を飛行機から散布したり、地上から上空の雲に向かって小型のロケットを使って打ち上げたりするのです。しかし、この方法で期待できる降水は一時的で、持続して雨を降らせるには膨大な費用がかかるでしょう。

2-3
豪雨が発生するしくみを考える

豪雨をもたらす雷雨の秘密

雷雨をもたらす2つの必要条件

さて、本題である豪雨について考えてみましょう。大量の雨が短時間にもたらされるのが豪雨の特徴です。梅雨時にしとしと降る雨は豪雨とは呼びません。春や秋に3、4日の周期で降る雨も豪雨になることはまれです。一方、夏の午後に雷を伴って降る強い雨は、ときには洪水を引き起こすこともあります。夏の青空をバックに浮かぶ白い積雲（**図2・5**）は見ていて飽きませんが、ときとして積乱雲にまで発達して豪雨をもたらします。

さて、それでは雷を伴った激しい雨、「雷雨」はどのような気象条件で発生するのでしょうか。大気が不安定になることが豪雨発生の前提条件であることはいうまで

■図 2-5　夏空に浮かぶ積雲

もありません。前に、湿った空気塊を断熱的に持ち上げると不安定になりやすいと説明しました。今、厚さ約1000メートルで上下の気温が同じ25℃の空気の層を考えます。気温減率はゼロで安定な状態にあります。層の下の空気は湿っていて、層の上の空気は乾燥していたとします。この空気層全体が何らかの原因で強制的に3000メートル上空にまで持ち上げられたとしましょう。空気層の下の部分は湿っているので、湿潤断熱減率で約15℃下がり、10℃になります。一方、空気層の上の部分は乾燥断熱減率で、3000メートル上昇すると30℃下がって、マイナス5℃になります。持ち上げられた空気の層は、気温減率が1000メートルで15℃となり、乾燥断熱減率よりも大きくなるので、不安定な状態に変化します。

このように、空気の層全体を持ち上げたときに不安定な状態に変化する場合、持ち上げる前の状態を「対流不安定」と呼んでいます。

つまり、雷雨が発生するためには次の2つの条件が必要となります。

- **大気の層が下で湿っていて、上で乾燥している「対流不安定」な状態にあること。**
- **空気層全体を強制的に上空に持ち上げる何らかの力がはたらくこと。**

対流で雲ができる「積雲対流」

鍋に水を入れ味噌を溶かし、ろうそくの火で鍋底の中心部だけを温めてみるとどうなるでしょうか。味噌粒が鍋の中心部からわき上がってきて周辺に広がり、側面に沿って流れ落ちていくのが観察できるでしょう（**図2・6**）。対流が起こっているのです。

前にも説明したように、地面で温められた空気が上昇する場合にも同じような対流が認められます。このとき、上空で積雲が発生し、積乱雲に発達するような場合を「積雲対流」と呼びます。空気の上昇速度が毎秒数メートルから十数メートル以上になると、積乱雲にまで発達して雷雨をもたらします。

■図 2-6　鍋の中の味噌汁の対流

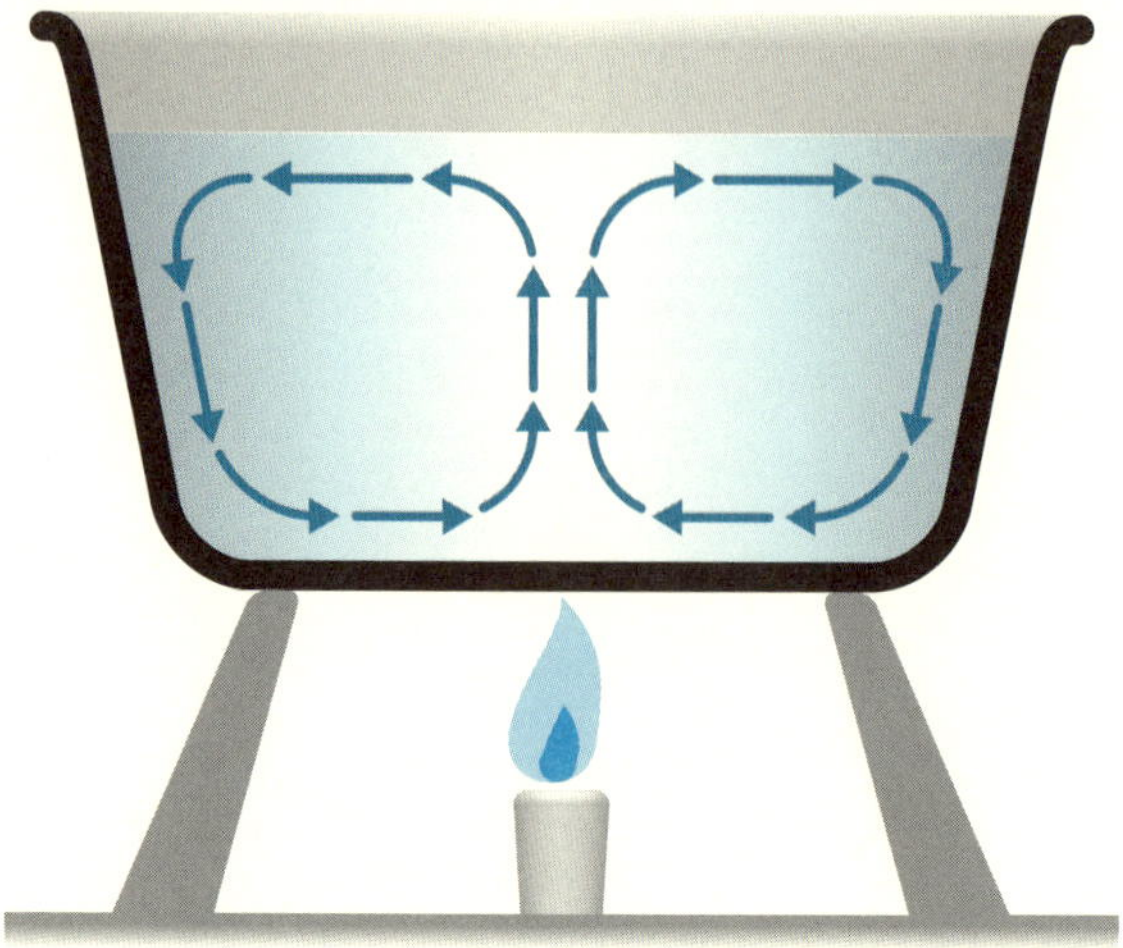

雷雨の発生から消滅まで ガストフロントの出現

雷雨をもたらす積雲対流は、その誕生期から、成長期、成熟期を経て衰弱、消滅するまでの過程を人間の一生に例えることができます（**図2・7**）。

積雲対流は、地面が熱せられて空気が上昇し、周辺からの風の流入（収束）が始まると発生します。誕生期です。上空に積雲が発生すると次第に成長して、上昇流も強まります。成長期です。雲の中全体が上昇流となり、同じ高度で較べると雲の外よりも温度が高くなっています。これは、水蒸気が凝結して潜熱を放出するからです。雲の中層から上層では雨粒ができ始めますが、上層では強い上昇流にはばまれて地上にまで落下できずにいます。

成熟期に入ると、積雲対流はますます強まり、高度12キロメートルを超す積乱雲に発達します。雲の

■図 2-7　積雲の成長から衰弱まで

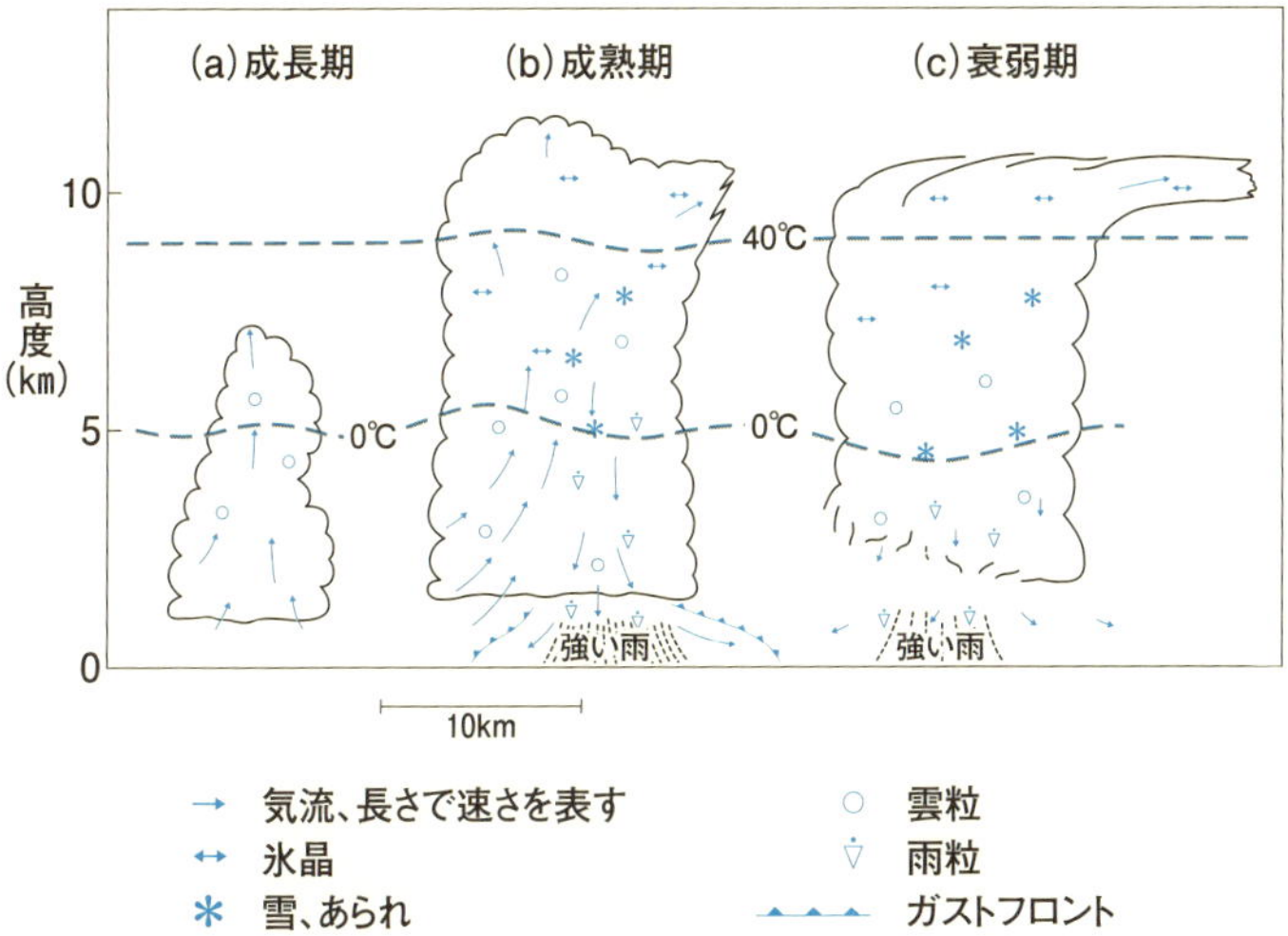

中層から上層では、引き続き強い上昇流で大量の水蒸気が凝結して雨粒と氷晶が作られ、雨となって落下していきます。雨粒は下降しながら蒸発し、潜熱が奪われて冷やされるため、雲の下層では同じ高度の雲の外よりも温度が低くなります。地面に達した冷たい空気は、強い雨とともに周囲に広がってゆきます。この冷たい空気の先端を「ガストフロント」と呼んでいます。まさに広がる冷気の最前線といえるでしょう。

やがて、雲の中全体が下降流で占められるようになると、衰弱期の始まりです。地上では、積乱雲の下層から広がる冷たい空気によって、暖かい湿った空気の流入が絶たれ、積雲対流は急速に衰弱していきます。そして降水も弱まり、雷雲は消滅します。

シングルセル型雷雨

雷雨をもたらす積雲対流には、いくつかのタイプがあります。前にみたような一つの積乱雲だけで終わってしまう単発的なタイプを「シングルセル型雷雨」と呼んでいます。この型の雷雨は短時間で発達して、ときに強い雨を降らせますが、下層でのガストフロントが周囲に広がって暖かい湿った空気の供給が絶たれると、急速にその一生を終えてしまいます。

マルチセル型雷雨

マルチセル型雷雨は、文字通りいくつもの対流セルが不規則に並んで、次から次へと雷雨をもたらすタイプです。夏の午後に発生して、それぞれの対流セルが移動しながら成長、成熟、衰弱を繰り返すため、雷雨のシステム全体としてはシングルセル型雷雨よりも寿命が長くなる点に特徴があります。このように次から次へと新たな雷雨を発生させる役割を担っているのが、ガストフロントです。

前にも説明したように、積雲対流の下層で広がる冷たいガストフロントにぶつかった暖かい湿った空気は、ガストフロントの上に乗り上げるような形で強制的に上空に持ち上げられます。この空気が上空で冷やされて凝結すると潜熱を放出して周囲の空気より暖かくなり、さらに上昇して新たな積乱雲を発生させるのです。こうして、次から次へと積乱雲を発生・発達させながら、雷雨システム全体としては移動していきます。

しかし、ときには雷雨システムの動きが遅くなり、その結果、狭い範囲に集中的に豪雨をもたらすことがあります。本書のテーマである都市型豪雨は、マルチセル型雷雨の典型例と考えてもよいでしょう。

スーパーセル型雷雨

スーパーセル型雷雨は、シングルセルの積乱雲が巨大な対流セルに発達したものといえます。雲の中では毎秒30メートルから50メートルに達する強い上昇気流が存在します。雲の下層から流れ込んだ暖かい湿った空気は、ねじれるように風向を変えながら雲の中を上昇し、雲の上部から流出していきます。多くの場合、下層では南東の風が吹いていても、中層では南風、上層では南西の風といった具合に高さによって風向が変化しています。また、下層から流入する湿った空気も、まっすぐに上昇せず、斜めに上昇するため、上層から落下する雨滴が蒸発して冷やされる空気と直接ぶつかりにくいのです。このことは、スーパーセル型雷雨の長寿命にプラスに働きます。

一方、雲の中層から下層に向かって吹き出す下降流は、地面で広がりガストフロントを形成します。また、スーパーセル型雷雨にともなってトルネード（竜巻）が発生することがあります。

2-4
豪雨が発生するしくみを考える

海陸風と山谷風

海陸風と海風前線

夏の午後、海から吹いてくる心地よい風は「海風」とか「浜風」と呼ばれ、暑さをやわらげる一服の清涼剤にも例えられます。一方、瀬戸内海沿岸では、夏の夕方から夜にかけて海風が弱まり、一時的に無風状態になって蒸し暑さを感じることがあります。「凪（なぎ）」と呼ばれる現象で、朝凪と夕凪があります。昼間吹いていた海風が止んで「陸風」が吹き出すまでの状態が夕凪です。朝凪は、夜の陸風が昼の海風と交代するときに現れます。瀬戸内地方に限らず、海に面したところでは、小さな島を除いて、大体どこでも海風と陸風が吹くと考えていいでしょう。大きな湖では、昼間は湖から周辺に吹き出す「湖風（こふう）」が、夜は周辺から湖に向かって吹く「陸風」が認められます。このように、海岸地域や湖岸地域で昼と夜に吹く風を、「海陸風」あるいは「湖陸風」と呼びます。

海風や陸風はなぜ吹くのでしょうか。海は陸に較べると比熱が大きいため、暖まりにく冷めにくいという性質があります。たとえば、夏の日中、陸上では30℃を超える暑さでも、海上では25℃程度で涼しいのですが、夜から明け方にかけて陸地は急速に冷えて22℃まで気温が下がったとします。一方、海上の気温は夜になっても24℃まででしか下がらなかったとすると、夜間は海上の方が陸上よりも温度が高くなってしまいます。この場合、昼間は陸上で温められて軽くなった空気が上昇し、そこに海から冷たい空気が流れ込んできます。これが海風です。上空では逆の流れになっています。海風は冷たく湿っています（**図2・8**）。

海風は、一般に日が昇って地面が暖まるにつれて海岸から内陸へと進入していきます。進入する冷たい海風の先端部を「海風前線」と呼んでいます。海風前線の上空には、雲の列が現れることがあります。これは、冷たい海風前線に乗り上げた陸地の暖かい空気が上昇して凝結し、雲を作るからです。海風に含まれた海塩などのエアロゾルも、雲粒を作る凝結核の役割を演じています。

東京では、夏の午後に東京湾から吹く海風と相模湾から吹いてくる海風が環状八号線道路の上空でぶつかって、「環八雲」を出現させることがあります。さらに、鹿島灘方面からの海風が東京湾海風や相模湾海風とぶつかると、ときには強い上昇気流をともなう積乱雲が発達して激しい雷雨をもたらすことがあります。これについては、

■図 2-8　海陸風の循環

日中

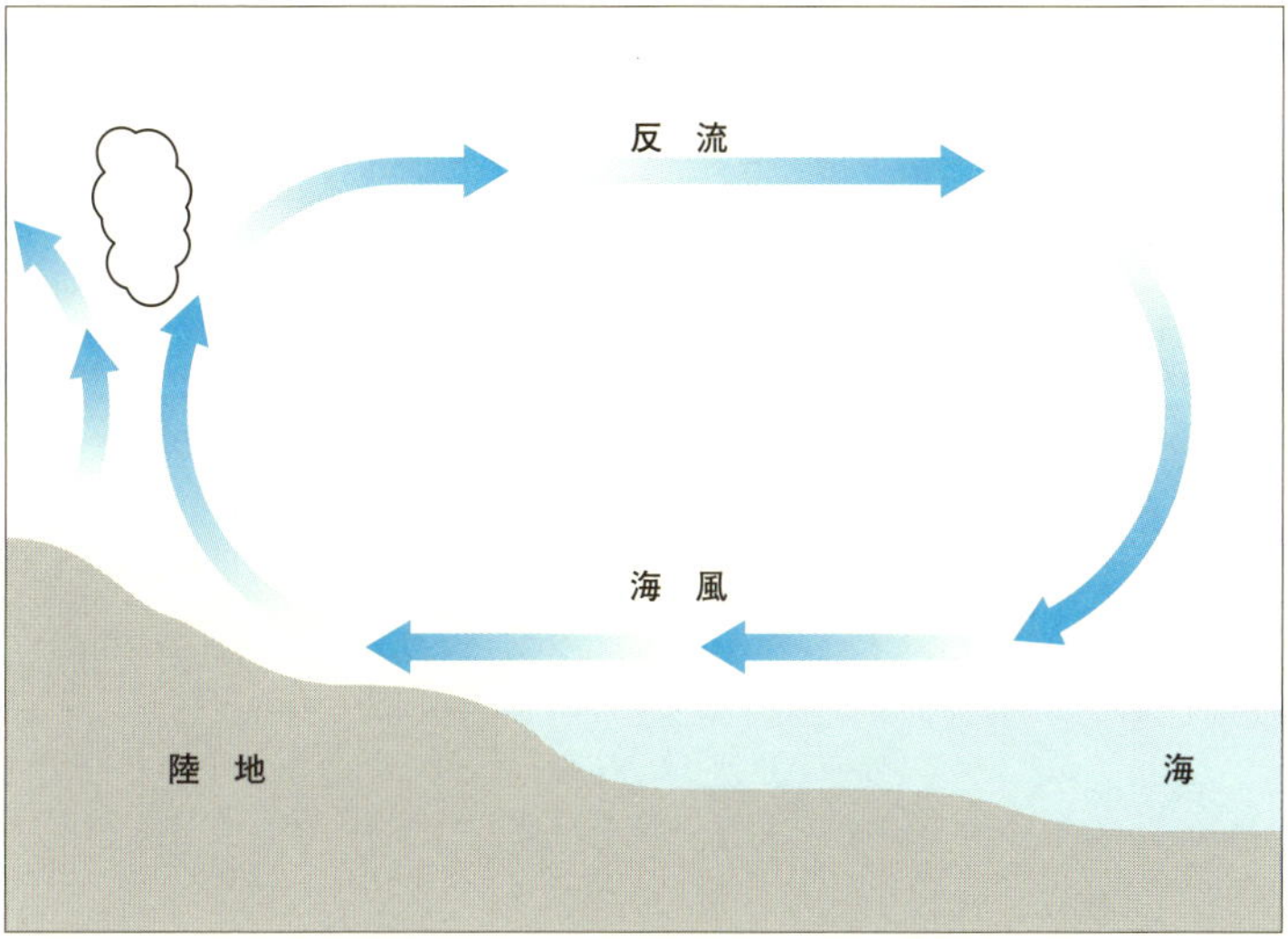

夜間

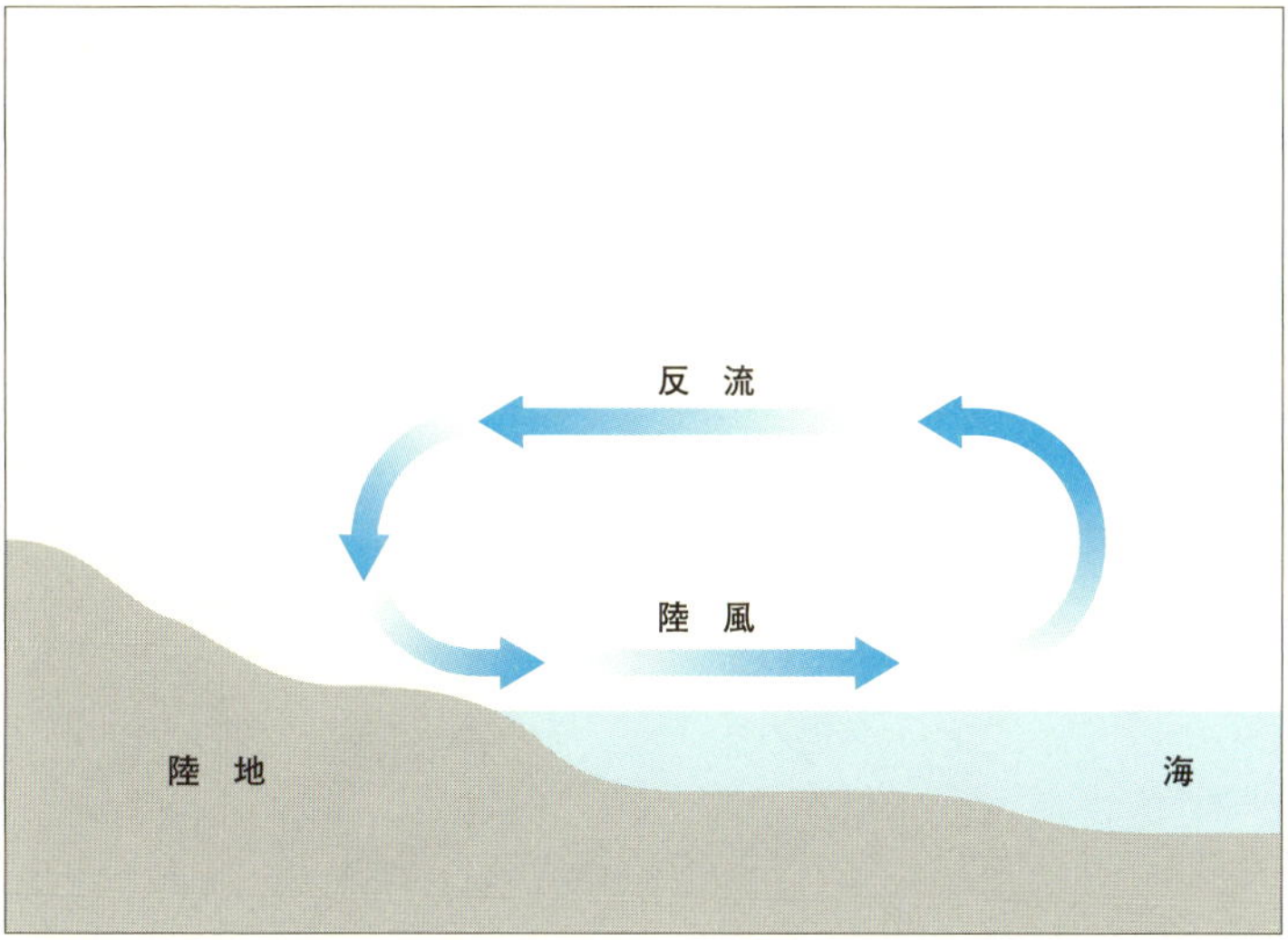

後で詳しく説明します。

谷から山へ、山から谷に吹く「山谷風」

夏山に登って、暑い日差しの中、谷間から斜面に沿って吹き上がってくる涼しい風に、思わず立ち止まった経験をされた方もあることでしょう。夏の午後、山の頂上部に雲がわき上がるのは、日射で熱せられた山地斜面に接した空気が上昇し、山頂部付近で凝結するからです。夜間は、逆に山の上から谷筋に向かって

■図 2-9　谷風と山風

日中の谷風

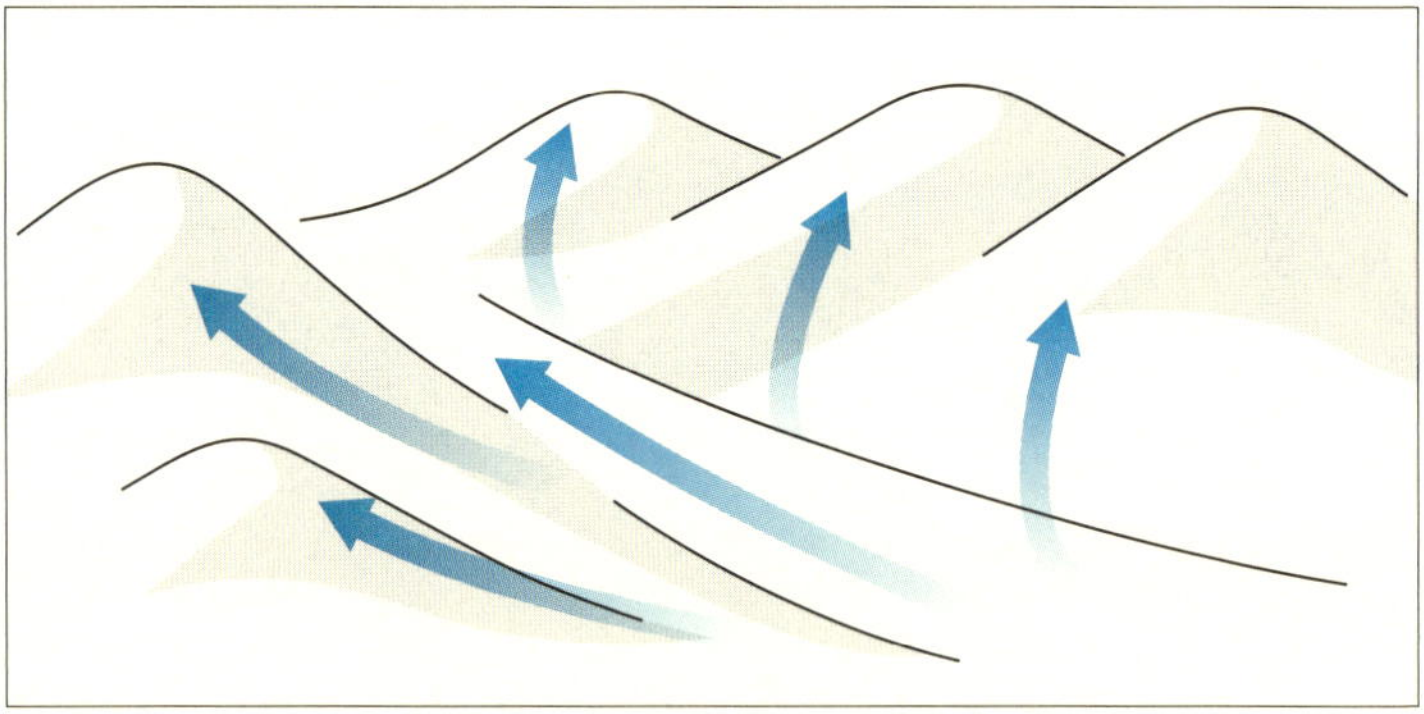

夜間の山風

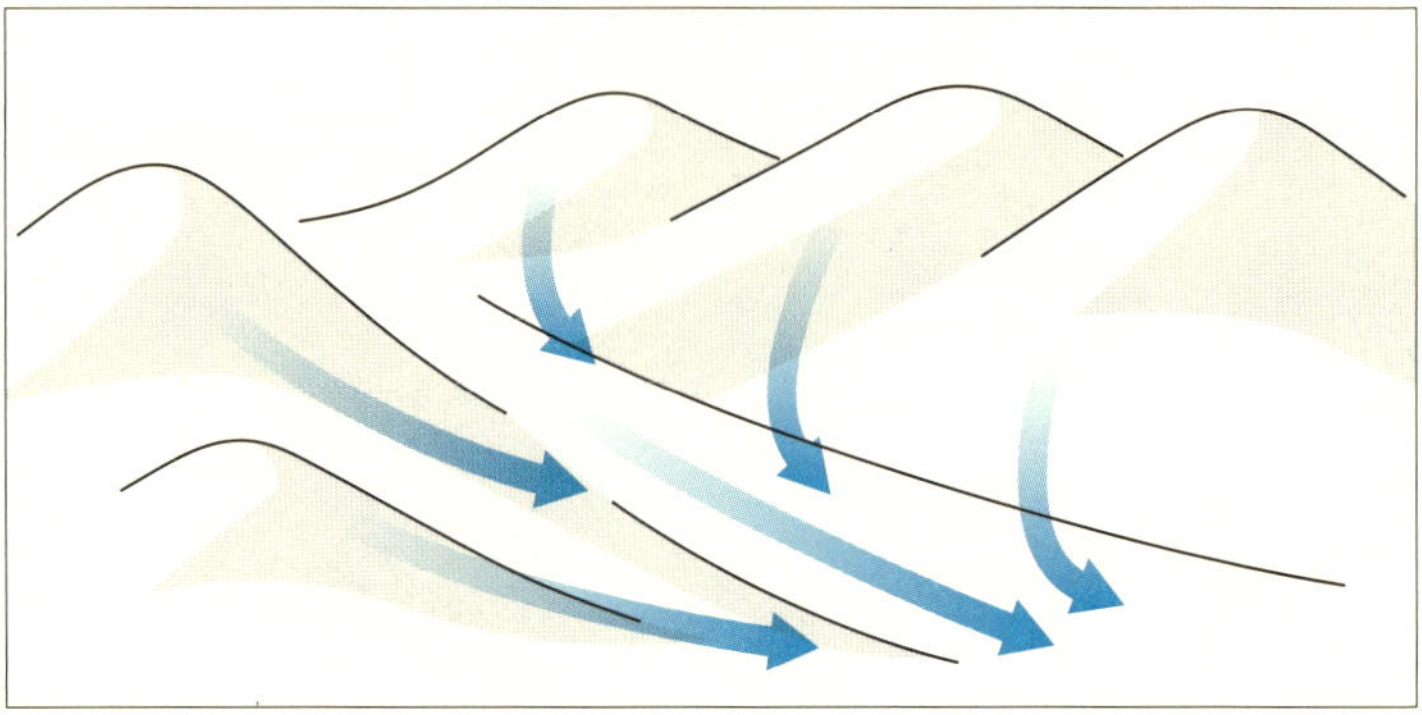

冷たい風が吹き降りてきます。昼間、山の斜面を吹き上がる風を「谷風」、夜間に斜面を流れ下る風を「山風」といいます（**図2・9**）。山風は、秋から冬の晴れた夜に顕著に認められます。山地斜面では、夜間に熱が奪われて冷やされると冷たく重くなった空気が斜面を流れ下りますが、これも山風の一種と考えていいでしょう。

谷口に都市や集落があると、山風によって夜間のヒートアイランドや大気汚染が緩和されるので、ドイツやオーストリアの都市では山風の通り道を「風の道」と呼んで都市計画にも役立てています。東京の都心部は山裾から遠いため、直接山風による風の道の恩恵を受けることは期待できませんが、平野を吹く夜の陸風とつなげることで、冷気を都市に導くことは不可能ではないでしょう。

column

「風の道」

都市のヒートアイランドを緩和するために、「風の道」が有効であるという議論がよく聞かれます。「風の道」とは、元来ドイツのシュトゥットガルト市の都市計画で取り入れられた環境改善策のひとつで、夜間に市の周辺の山から吹いてくる冷涼な風の流れ（山風）がシュトゥットガルト市のヒートアイランドや大気汚染の緩和に役立つという観点から、道路の拡幅や建物配置の規制などに考慮した都市計画がなされています。

一方、東京では湾岸沿いに立ち並ぶ高層ビル群が東京湾からの海風をさえぎって都内のヒートアイランドを強めているのではないかという指摘がなされ、「風の道」に配慮した都市づくりが求められています。確かに、東京では夏季の日中に東京湾から吹く海風が湾岸地域の気温上昇を抑制するため、いわゆるベイサイドエリアでは都内に較べて夏の最高気温が低く、過ごしやすいといえます。また、東部の荒川沿いの地域でも夏季日中は都内の他地域よりも低温であることが筆者らの研究グループの観測結果で実証済みです。まさに、荒川が「風の道」となって都内のヒートアイランド緩和に役立っているといえるでしょう。

第3章

「梅雨前線豪雨」は集中豪雨の本家

最大の雨量をもたらす「梅雨前線豪雨」

短時間に大量の降水をもたらす豪雨は様々な原因で引き起こされます。最初に紹介した都市型豪雨は、時に1時間に100ミリ以上の強い降雨で都市河川をあふれさせますが、比較的短時間で水位が低下します。一方、台風が近づいてくると、かなり前から雨が降り出し、接近するにつれて次第に雨脚が強まります。台風のコースによっては数日間にわたって雨が降り続き、土砂崩れなどの二次災害で尊い人命が奪われることも珍しくありません。

このように、同じ豪雨でも、その降り方や継続時間、もたらされる災害の種類や規模は大きく異なります。中でも、梅雨末期に西日本を襲うことで知られる「梅雨前線」豪雨は、総雨量や災害規模から見ても、国内最大級の豪雨と言えるでしょう。まさに、集中豪雨の本家といっても過言ではありません。

そこで、日本の集中豪雨史上に名を残す梅雨前線豪雨として知られる「諫早豪雨」、「長崎豪雨」、「東海豪雨」を取り上げて、その実態と発生メカニズム、災害状況を振り返ってみましょう。

日本の豪雨の特徴

本論に入る前に、日本の豪雨の特徴を世界と比較しながら見ていきたいと思います。豪雨と一口に言っても、10分から1時間程度の短時間に集中して大量の雨が降る場合と、1日の総雨量が増えて豪雨になる場合とでは、雨を降らせる原因に違いがあるのでしょうか。

表3・1は、10分から1日までの降水量について、上位20位までの豪雨の発生原因別に分類したものです。これをみると、10分間雨量の場合は雷雨が最も多く、次いで前線、低気圧の順で、台風はゼロです。1時間雨量になると、前線や低気圧がほとんどですが、3時間雨量になると台風と前線がほぼ同数となり、1日の降水量の上位20位をとると大部分が台風によって発生しています。

このことから、日本では3時間より短い時間に集中して降る豪雨の原因としては前線の影響が強いことがわかります。とくに、

■表 3-1　単位時間による豪雨の発生原因

	10 分間降水量	1 時間降水量	3 時間降水量	1 日降水量
雷雨	8 回	2 回	1 回	0 回
低気圧	5 回	6.5 回	3.5 回	1 回
前線	7 回	8.5 回	7 回	4.5 回
台風	0 回	3 回	8.5 回	14.5 回

1時間雨量の1位となった1982年7月の「長崎豪雨」では、長与町役場で1時間に187ミリという記録的な豪雨に見舞われています。

一方、世界に目を転じてみると、アメリカのミズーリで1947年に42分間で305ミリという驚異的な降水量を記録しています。1日の降水量日本記録は、2004年8月に徳島県海川で観測された1317ミリですが、世界記録は1952年にインド洋のレユニオン島での1870ミリで、日本記録を500ミリも上回っています。いずれにせよ、東京の年降水量が約1500ミリですから、いかに想像を絶する豪雨であるかが分かると思います（**表3・2**）。

表3-2　短時間に降った雨の記録

地名	降水量
長崎県西彼杵郡長与町	187ミリ（1時間）
ミズーリ（アメリカ）	305ミリ（42分間）
徳島県海川	1317ミリ（1日）
レユニオン島	1870ミリ（1日）

3-2
「梅雨前線豪雨」は集中豪雨の本家

梅雨前線による「諫早豪雨」と「長崎豪雨」

梅雨末期に襲った諫早豪雨

1957年7月25日〜26日に、長崎県諫早《いさはや》市周辺から島原半島北部にかけて多いところで1日の雨量が1000ミリを超える猛烈な豪雨に見舞われました。諫早市の1時間ごとの降雨状況をみると、雨量のピークが25日の午後から夕方と深夜の2回みられます。とくに21時から午前0時までの3時間に205ミリもの大雨が降っています（**図3・1**）。

この記録的な集中豪雨によって、25日夕方から26日朝にかけて土砂災害が発生し、諫早市内を流れる本明川などの河川が氾濫して大水害を引き起こしたのです。長崎県中部を中心に全県で705人もの人

■図3-1　諫早市の1時間ごとの雨量

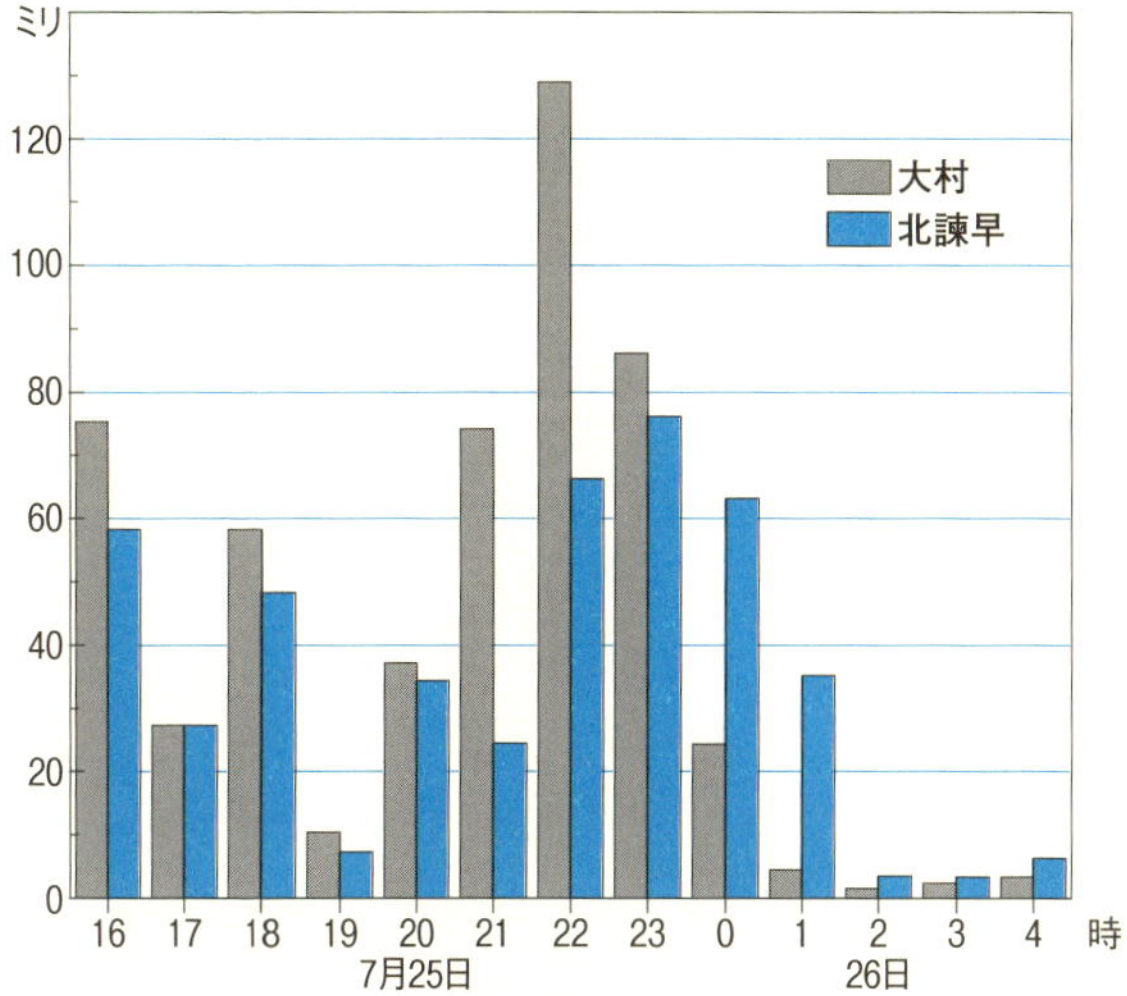

命が奪われました。

特に、長崎県諫早市では、市内を流れる本明川が2度にわたって氾濫し、2回目の氾濫では大規模な土石流による大量の土砂と流木が市内に流れ込み、諫早市だけで死者519人、行方不明67人に達し、後に「諫早豪雨」と呼ばれるようになりました（**表3・3**）。

この豪雨によって熊本県でも死者・行方不明者が160人を超えました。諫早豪雨の特徴は、きわめて局地性が強いことにあります。長崎県中部から熊本までの幅約20キロ、長さ約100キロの狭い帯状の地域に集中して大雨が降っています。

この大雨の中心に位置する雲仙岳北斜面の西郷では、1日に1109ミリの記録的な雨量を観測していますが、そこから20キロしか南に離れていない雲仙岳南斜面の口之津では、わずか86ミリしか降っ

■図3-2　1957年7月25日15時の天気図

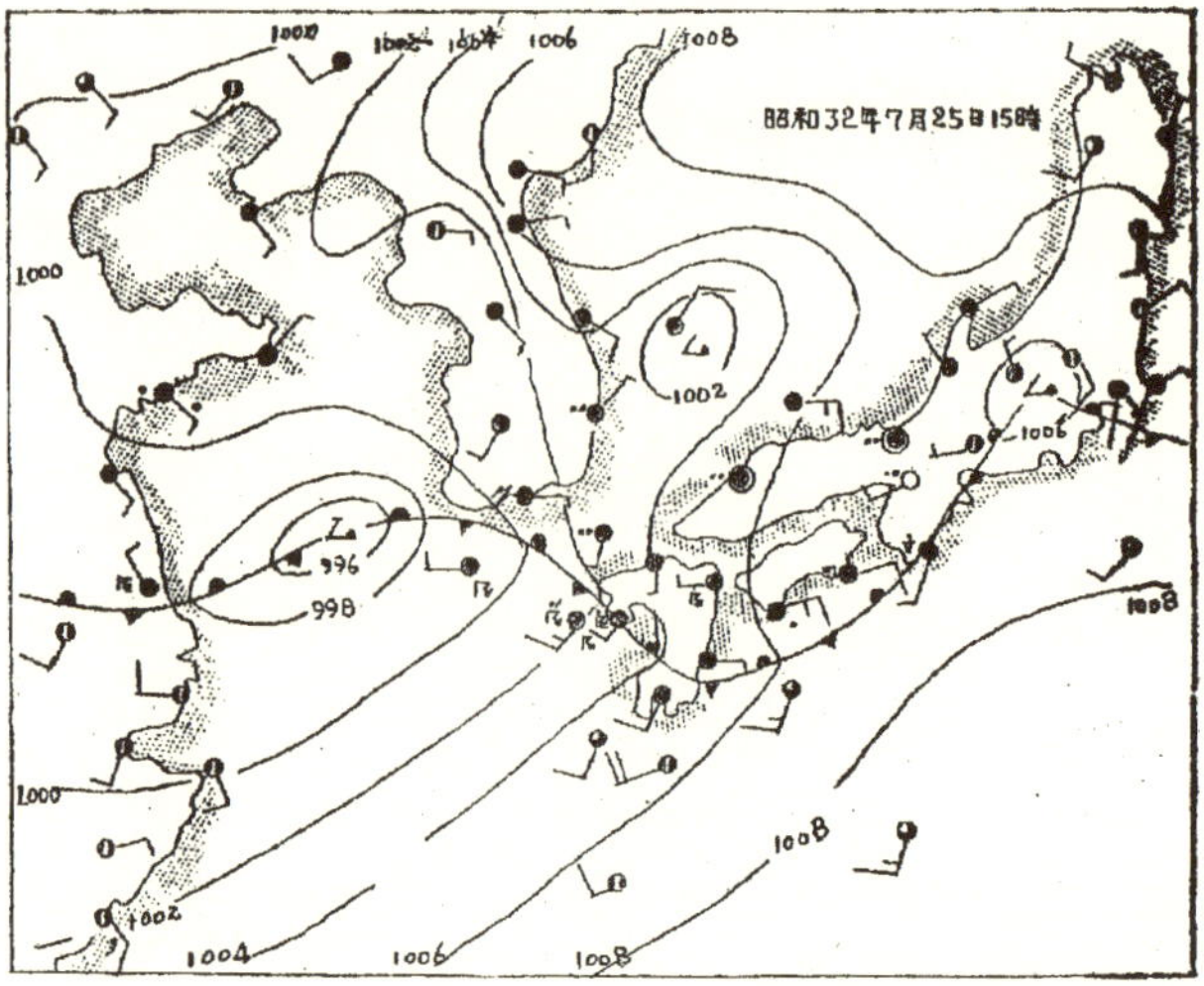

提供：長崎海洋気象台

ておらず、まさに「集中豪雨」の典型と言えます。もっとも、当時はまだ「集中豪雨」という用語は一般に使われていませんでした。
記録的豪雨となった７月25日の天気図をみると（**図３・２**）、黄海南部には発達した低気圧があり、そこから延びる梅雨前線が済州島の南を通り、長崎県中部を経て四国沖に達しており、さらに東に連なっています。また、太平洋高気圧の周辺に沿って持続的に南西の風が吹いており、九州上空には高温で湿った空気が絶えず流入していたのです。

記憶に新しい長崎豪雨

諫早豪雨から25年後の１９８２年７月23日から25日にかけて、長崎県を中心に西日本の広い範囲で低気圧と前線による大雨が降り、死者・行方不明２９９人、被害総額３１５３億円、床上浸水１万７９０９棟という大災害となりました。気象庁は、この豪雨を「昭和57年７月豪雨」と命名しましたが、一般には「長崎豪雨」として知られています。天気図を見ると、25年前の「諫早豪雨」とよく似ており、低気圧に伴った梅雨前線が九州を横断しています。

表 3-3　諫早豪雨の被害状況

死者	519 人
行方不明者	67 人
負傷者	3500 人
住家全壊	391 棟
住家半壊	1113 棟
住家流出	313 棟
床上浸水	2301 棟
床下浸水	2332 棟
道路損壊	650 件
橋梁流出	370 件
堤防決壊	306 件
崖崩れ	400 件

典型的な梅雨末期の豪雨で、長崎県長与町役場に置かれた雨量計は、7月23日の午後7時から8時の1時間に187ミリという日本の観測史上1位の大雨を記録しています。長崎海洋気象台でも、当日の7時から10時までの3時間に合計313ミリの豪雨を観測し、各所で3時間雨量が300ミリを超えており、短時間に豪雨が集中して降ったことがわかります。

この豪雨がいかにすさまじいものであったかを示す貴重な証拠が残っています。それは、豪雨の最中に長崎市消防局の119番に被災市民から寄せられた電話の交信記録で、当時の災害状況が克明に記録されています。

以下は交信記録からの抜粋です。

●19時30分「道路が川となって」

男「もしもし、あんまり何人も流されたと下からいうてきたもんですから……。」
消防局「どこに川があるわけ?」
男「川はないんです、道路がもう水で1m50から2m近くなっとるわけですよ、助けるにもどうしようもないわけですよ、いちおう念のために110番が電話せんもんですから、119番に電話したんですが……。」

消防局「あのですね、申し訳ないですが手が回らんです、それで付近の人に連絡つけばお宅の方で処置していただけませんか、消防職員も全部出ているんですが、もしロープがあればそこに張っておいてください……。」

●19時46分「ガス管が破裂した」

男「もしもし、あっすみません、近所の民家の方が崖崩れでガス管が、えー、管が破れて今ガスが充満しているんですけれど、それであちこち電話したんですが、自分の処置で何とかしなさいと言うばかりでして、やむなくお宅に連絡したんですが……。」
消防局「あ、ウチの方もどうにもできないんですね……」
男「お宅もできません？　そんな、ウワー、ガス管の割れとるば（急に怒り出す）、火ばつけば燃えるぞ、つけてみよか今から。えーっ、何ちゅうこと言うとか……お前、都市ガスぞ、そういうこと言うちゃいかんじゃなかとかね。」
消防局「うちのほうがですね……。」
男「うちもクソもなかろうが」（電話突然切れる）。

●22時20分「生きるか死ぬかしていますか？」

女「もしもし、もう大水で困っているんですよ……。」

消防局「どうしたんですか、いま長崎はですね、人が生きるか死ぬかしているんですよ。消防も出尽くしているんですよ。お宅は生きるか死ぬかしていますか？　生きるか死ぬかしていない限り、出ません。もしもし、人命に危険ですか……。」

男「あのう、×××さんという家が全壊しましてね。ご主人が中に埋まっている可能性が強いんですよ。我々で手がつけられんもんですから、そいであのう、家が崩壊したのは8時半頃です。こっちは命に関わることですから2時間くらい続けてかけたんですよ。もうリンリンリンリンリン、鳴りっぱなしにかけても出ないんですよ……。」

（平凡社版『気象の事典』より一部引用。人名は一部伏せ字に変更）

長崎市の119番は、当夜は通常の倍以上の10回線を10名で担当し、18時49分の第一報から翌日の2時までに1000件以上の緊急電話が寄せられたということです。目前に迫り来る豪雨と大水に身の危険を感じて必死の助けを求める市民と、署員が出払って適切な対応ができずに苦慮する消防署員との緊迫したやりとりは、大災害時の冷静な対応の難しさを如実に物語っています。

諫早豪雨も長崎豪雨も、梅雨末期に発達した低気圧に伴う前線が九州に停滞し、太平洋高気圧の縁に沿って南西方向から流入してきた暖かくて湿った空気が大量の水蒸気を補給し続けたという点で共通しています。ただし、天気図は似ていても、上空に流れ込む水蒸気の量や、空気の湿り具合、流れの速さ、流入経路などが微妙に違うことで、豪雨の中心や広がり、雨の降り方などに違いが生じると考えられます。

3-3
「梅雨前線豪雨」は集中豪雨の本家

長崎豪雨災害の教訓

１９８２年長崎豪雨による災害は、長崎市中心部の都市水害と、郊外部に主として発生した土石流等による土砂災害の二面性を持つものであったと言えます。

長崎の地形的特徴

災害の特性を説明する前に、長崎市の市街地形成の特徴について見ていきましょう。江戸時代に海外への唯一の窓口となった長崎は、国際都市として繁栄しましたが、斜面丘陵地に囲まれた深い入り江に面して市街地が形成されており、平地が少ないために、埋め立て地を造成したり、町を取り巻く斜面地に市街地を拡大せざるを得ませんでした。このため、豪雨になると、埋め立て地の水はけが悪く、市街地が水に浸かりやすくなっていたのです。斜面地では、道路の整備も不十分で狭いために、救急車や消防車も容易に入れません。また、土砂災害が発生したときに避難する横方向の避難道路も少ないのです。

土砂災害は、土地利用を山地と谷間に求めて都市化してきた長崎市の防災上の重要な問題と言えます。土石流、山崩れ、がけ崩れなどの土砂崩壊箇所は、長崎県下で4457カ所にのぼり、死者行方不明者299人の88％にあたる262人が土砂崩壊の犠牲となったのです。

一方、長崎市内を流れる中島川、浦上川、八郎川の3河川流域で大規模な浸水洪水被害が発生しました。中島川・浦上川流域では、浸水面積が合わせて303ヘクタールにも広がり、床上浸水5535戸、床下浸水2129戸という大きな被害を出したのです。災害を大きくしたのは、短時間に極めて激しい雨が降ったためですが、川の勾配が急で短いために、通水能力が低いという地形特性も重要な要因になっています。とにかく、豪雨による出水が急激で、洪水に対する初期の適切な対応がとれなかったことに加えて、斜面地に市街地が広がるという長崎市特有の都市構造が被害を大きくしたと言えるでしょう。このことから、長崎豪雨災害の被害について、次の4つの課題を挙げることができます。

① **〈大量の車流出被害〉** 運転中に路上で浮いて流されて、人的被害があったり、放置自動車が災害後の緊急自動車通行の障害となったこと。

② **〈ライフラインの被害〉** 水道・ガスが河川を横断するところや、河川沿いの道路下

に埋設されていたものが破壊されたこと。

③〔**近代ビル地下動力施設の被害**〕都市部の建物の地下室に機械があったところでは、建物の機能回復に長時間を要したこと。

④〔**文化財の保護**〕眼鏡橋を中心とする中島川の石橋群の復元に際して、文化財保存と河川防災をどのように融合させるかということ。

豪雨災害への課題と対策

こうした課題をふまえて、今後各地で起こりうる豪雨災害への教訓をまとめてみました。

まず、災害の直接的原因である集中豪雨の的確な早期予報態勢の整備が望まれます。近年は、気象衛星やレーダーによる雨雲の追跡技術も向上しており、豪雨予報も以前に比べて進歩してきています。

土砂災害や河川災害に関しては、ハード、ソフト両面での対策が不可欠です。土砂災害対策としての砂防施設整備や、河川災害対策としての堤防整備などが急務となるでしょう。また、土砂災害警戒避難態勢の確立や防災意識の向上、河川災害に関しては水位上昇をリアルタイムで住民に周知させる広報システムの確立も重要です。

さらに、道路冠水や地下室への浸水被害を軽減するには、冠水が始まったら自動車での外出を避け、移動時には早めに高台の安全な場所に避難すること、地下室への浸水対策としては、日常から防水板や防水扉の設置を徹底し、豪雨時には早めに階上に避難することなどが必要です。

同じ程度の豪雨が降っても、受け皿となる地形・地質、土地の利用形態や各種インフラの整備状況などによって災害の規模は大きく変わります。また、精度の高い予報システムや住民の防災意識の向上も被害の軽減には大変有効です。１９８２年長崎豪雨災害の教訓を忘れたくないですね。

「東海豪雨」に学ぶ

9月の秋雨前線による大雨

２０００年９月11日から12日にかけて、名古屋市を中心とする東海地方で記録的な集中豪雨が発生しました。

図３・３は、岩手県立大学の牛山素行氏が気象庁のアメダス観測所や愛知県雨量観測所、および一部の建設省雨量観測所のデータをもとに、９月11〜12日の２日間の総降水量を分布図にしたものです。名古屋市周辺のほか、三重県南部、愛知県西部の３カ所に、いずれも総降水量６００ミリ前後の豪雨域が生じていることがわかります。

三重県南部や愛知県東部山間部は普段から雨

■図 3-3　2000年9月11〜12日の名古屋付近の総降水量（ミリ）

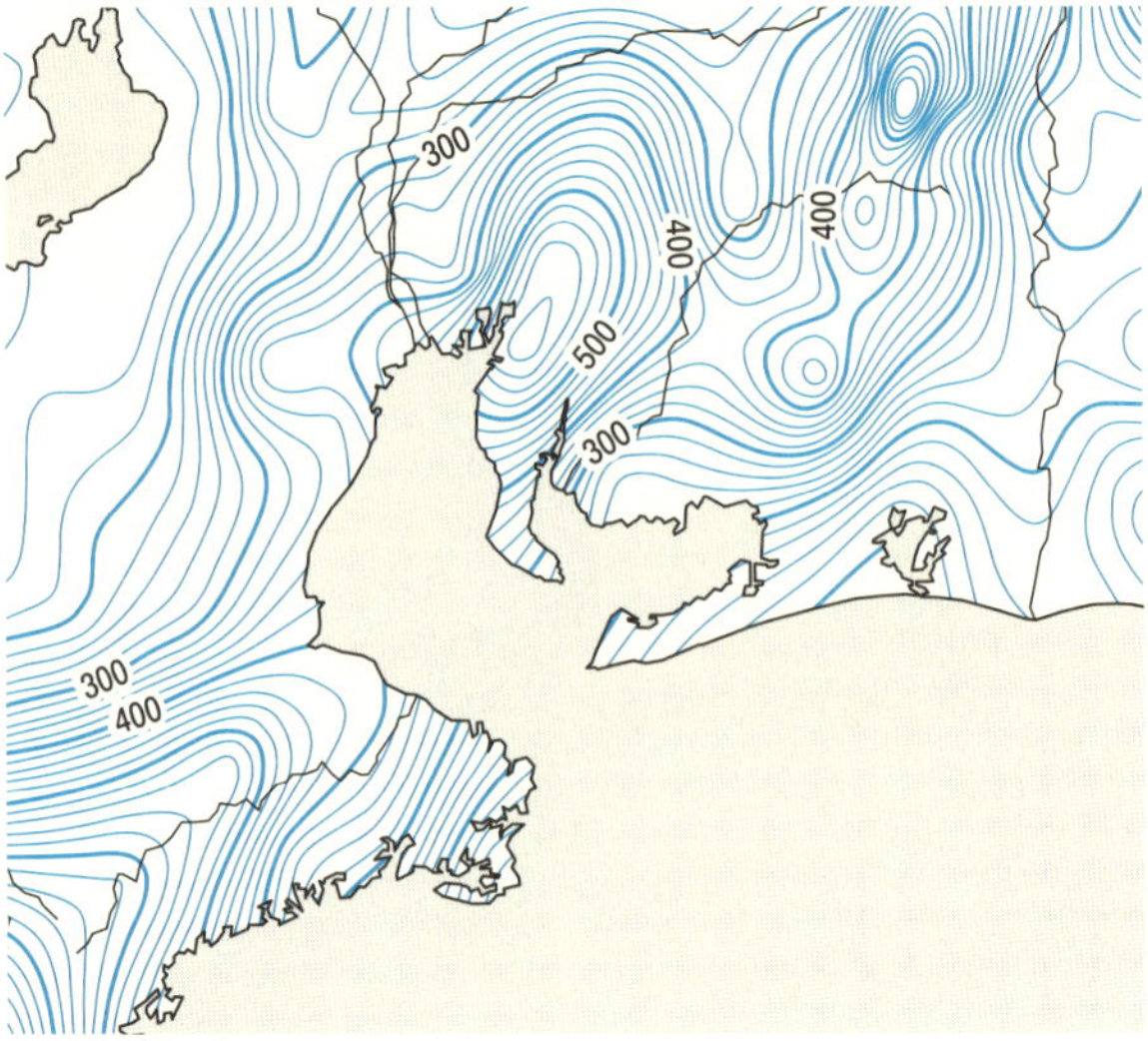

牛山ほか（2000）

の多い地域ですが、いつもは降水量の少ない名古屋市周辺に記録的な大雨が降ったことが今回の特徴です。とくに、名古屋市では、11日の午前0時から13日の午前0時までの48時間に、平年の年間降水量1535ミリの3分の1を超える567ミリを観測し、1時間降水量でも最大97ミリという記録的な豪雨となり、「東海豪雨」と呼ばれています。

この豪雨で名古屋市とその周辺の市町村では堤防の決壊、河川の溢水が相次ぎ、広範囲で浸水被害が発生しました。愛知県内では、死者7名、重軽傷者107名、床上浸水2万6531世帯、床下浸水3万8879世帯という大きな被害を出したのです。

前線から離れていても大雨の危険性が

豪雨がほぼピークに達した11日午後9時の天気図を見てみましょう（**図3・4**）。日本付近には、北

図3-4　2000年9月11日21時の天気図

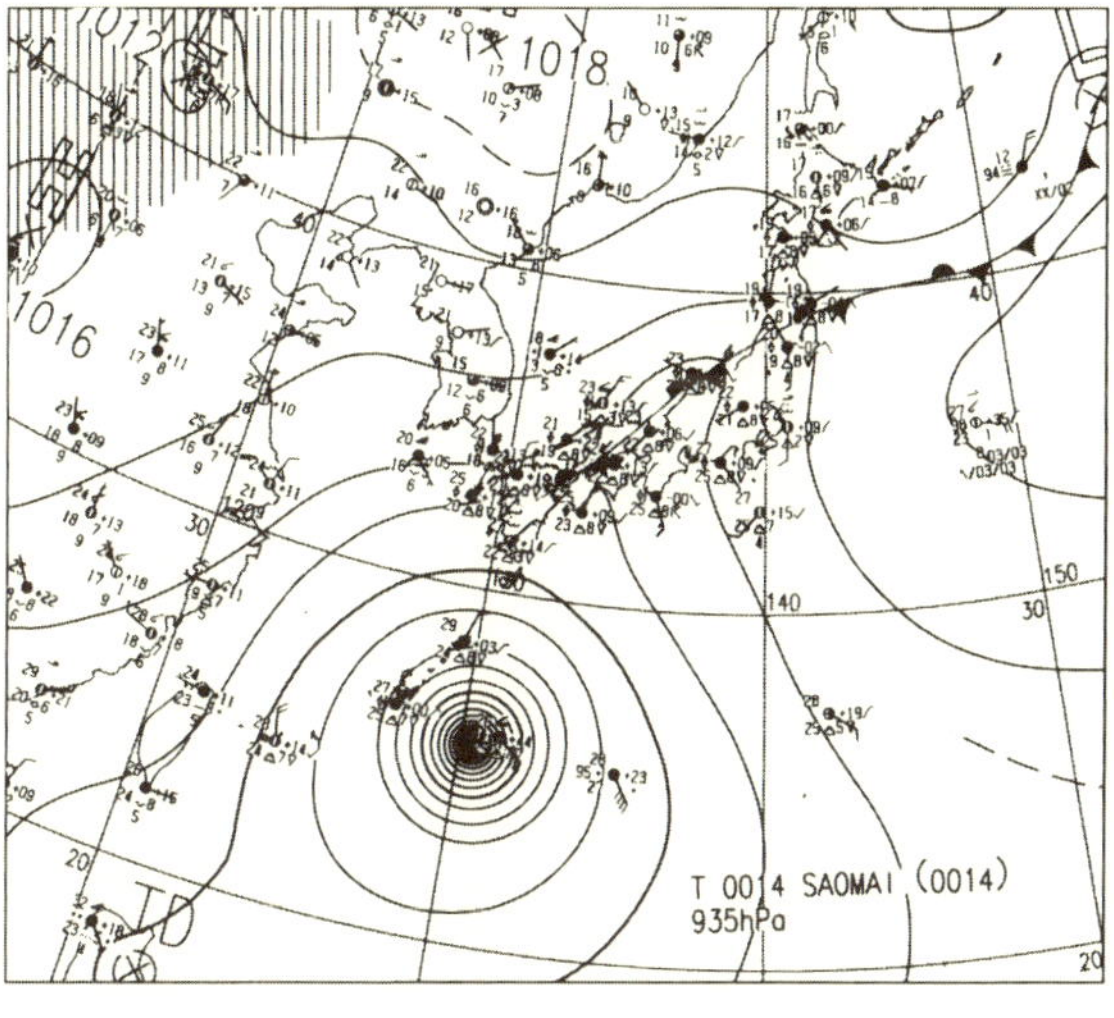

海道の東の海上に中心をもつ低気圧から延びる秋雨前線が停滞しています。一方、九州の南の海上には大型で非常に強い台風14号がゆっくりと北西に進んでいます。台風は、東海地方から1000キロ以上も離れているため、本州に直接影響を与えることはなかったのですが、台風の東の縁と太平洋高気圧の北西の縁に沿って南南東から暖かく湿った空気が大量に秋雨前線の南側に流れ込んでいたのです。秋雨前線は東海地方にはかかっておらず、長崎豪雨の場合のように前線上で豪雨がもたらされたわけではありませんが、南方から湿った空気が大量に流入してきた結果、前線の南側に存在する湿った領域で活発な対流活動がおこり、豪雨が発生したと考えられています。

また、鈴鹿山地など紀伊半島の地形が、南北に延びる線状の降雨域を形成するのに関与したのではないかという研究もあります。このような線状の降雨域は、バックビルディング*と呼ばれるメカニズムで積乱雲が次から次へと発生することにより、長時間継続する傾向があります。

東海豪雨は、愛知県を中心に広い地域で大きな被害をもたらしました。とくに、名古屋市北部を流れる新川では、河口から16キロ上流地点で左岸の堤防が100メートルにわたって決壊したのです。また、新川流域の各所でポンプの排水能力を超える雨水流出によって内水氾濫が発生し、深刻な浸水被害を出しました。また名古屋市内で

＊**バックビルディング**
豪雨をもたらす積乱雲が繰り返し発生して列をなす様子が、背骨に似ていることから名付けられたともいわれている。日本付近で線状の降雨域からもたらされる豪雨の多くは、バックビルディング型に分類される。

も全域の37%が1時間93ミリの豪雨で浸水し、愛知県全体では約60万人の住民に避難勧告が発令されました。被害総額は事業所の浸水被害を加えると約8500億円に達し、大きな爪痕を残す結果となったのです。

東海豪雨災害の教訓

京都大学防災研究所の河田恵昭氏は、東海豪雨災害の教訓として、次の7つの事項を挙げています。

①名古屋地方気象台開設以来の豪雨であったために、名古屋市を中心としたほとんどの治水施設の設計能力を上回ったこと。

②夕方の通勤ラッシュ時に時間雨量の最大値が観測されたために、交通機関が不通になり、大量の帰宅困難者が発生したこと。

③大雨洪水警報の発令から避難勧告まで数時間の差があったが、住民には突然の避難勧告となり、円滑な対応ができなかったこと。

④町役場、小中学校、備蓄倉庫も床上浸水となったところがあり、阪神・淡路大震災以降の震災だけを対象とした対策の弱点が露呈したこと。

⑤住民の側に、床下浸水程度で終わるだろうとの甘い読みがあったこと。
⑥ボランティアの立ち上がりが弱く、結局約2万人しか集まらず、復旧作業が遅れたこと。
⑦低平地であったので、破堤氾濫後、そこから遠い地区では約8時間後に浸水が始まるという時間差が起こったこと。

これらの事項は、日本の大都市で豪雨が発生した際には共通して起こりうる事態であり、都会に住む住民は常日頃から豪雨に備えて心がけねばならない教訓だと思います。

3-5
「梅雨前線豪雨」は集中豪雨の本家

都内の下水道工事現場を襲った突然の豪雨

本書の執筆最終段階にあった2008年8月5日の正午過ぎ、東京都豊島区雑司ヶ谷の下水道内で工事作業中の5名が増水で流され、犠牲になるという痛ましい事故が発生しました。

この災害の直接的原因は、事故の直前に降った集中豪雨による急激な増水にあります。2008年は梅雨明け後も太平洋高気圧の張り出しが弱く、南からの湿った空気が日本列島に流れ込んで大気が不安定になりやすい気圧配置が続いていました。しかも、当日は東京都内に前線が停滞し、大雨が降りやすい状況にあったのです。予想通り、昼前から都内各所で雷雨が発生し、特に豊島区では局地的に1時間60ミリの豪雨が降り、道路やコンクリートの表面にあふれた雨水が工事中の下水道内に流れ込んで一気に増水を招いたといえるでしょう（**口絵8ページ参照**）。

この日、大手町の気象庁では、午前11時50分に南南東の風向で気温30℃だったのが、10分後の12時には西北西と風向がほぼ逆転したと同時に気温も27・7℃と2・3℃も急低下したことから、この時間帯に前線が大手町付近を通過してやや南に下がったと考えられます。都内で気温がもっとも高かったのはアメダスの練馬観測所で、10時40分に31・6℃を記録していますが、その後は30℃台でしばらく推移し12時には29・9℃と30℃以下になっています。

このように都内では当日の午前中は30℃を超える真夏日となっていたものの、お昼頃に前線が南下すると同時に気温が下がり、各所で局地的な豪雨が発生したのです。こうした状況から判断して、この日の都内の局地的豪雨は、主に前線付近での湿った空気の上昇で積乱雲が発達したためにもたらされたと考えられます。ただ、豊島区で1時間60ミリの豪雨が発生する1時間前に、練馬の気温が32℃近くまで上がっていたことから、豊島区付近でも同時刻に気温が高くなり地表面の空気が暖められて上昇流を強めた可能性を示唆しています。豪雨の降り出す直前の風も、前線の北側に位置するさいたま市では北北西、湾岸の新木場では正反対の南南東、大手町の気象庁では南東といったように、豪雨の中心となったエリアに収束しており、このことも上昇流を強めることに寄与したといえます。つまり、この日の都内の高温域が都内のやや北部に片寄っていて、その付近を前線が通過したときに雷雲が発達しやすい状況にあったことが考えられます。

ただ、当日の午後は都心部を中心に都内各所で激しい雷雨に見舞われたことから、都内の高温が局所的に豪雨を強めたとは必ずしもいえないでしょう。この日の局地的豪雨の発生は、現在の数値モデルの精度では予測困難であり、警報の発令を目安にした工事中止の判断の見直しが必要かもしれません。

実は、この夏は西日本でも水難事故が発生していました。7月28日の午後、神戸市灘区の都賀川（とががわ）で10分間に水位が1・34メートルも急上昇したため、男女10人が急な増水で流され、その内の5名が亡くなる事故が発生しています。このときも、東京の事例と同じく前線付近での湿った空気の流入で大気が不安定になっていたことが短時間に強い雨をもたらした元凶ですが、コンクリートで覆われた都市河川に流入した大量の雨水が、地中に浸透することなく一気に水量を増したことが水難事故を招く結果になってしまったといえます。

第4章

豪雨の引き金「ヒートアイランド」

4-1
豪雨の引き金「ヒートアイランド」

高温化する都市

特に著しい東京の気温上昇

東京を例に、都市の高温化の実態を見てみましょう。気象庁のある東京・大手町は都心に位置しますが、年間の平均気温は過去100年間（1901〜2000年）に約3℃上昇しています。ニューヨークでは同じ期間に1・6℃上昇していますから、東京の約半分の上昇率ということになります。世界の平均気温の上昇率は、同じ過去100年で約0・6℃ですから、東京都心部の気温上昇率は異常に高いといえます（**図4・1**）。

東京、ニューヨーク、パリの三都市について過去100年間における年間平均気温の変化傾向を

■図 4-1　世界大都市の年平均気温変化
（1901〜2000 年）

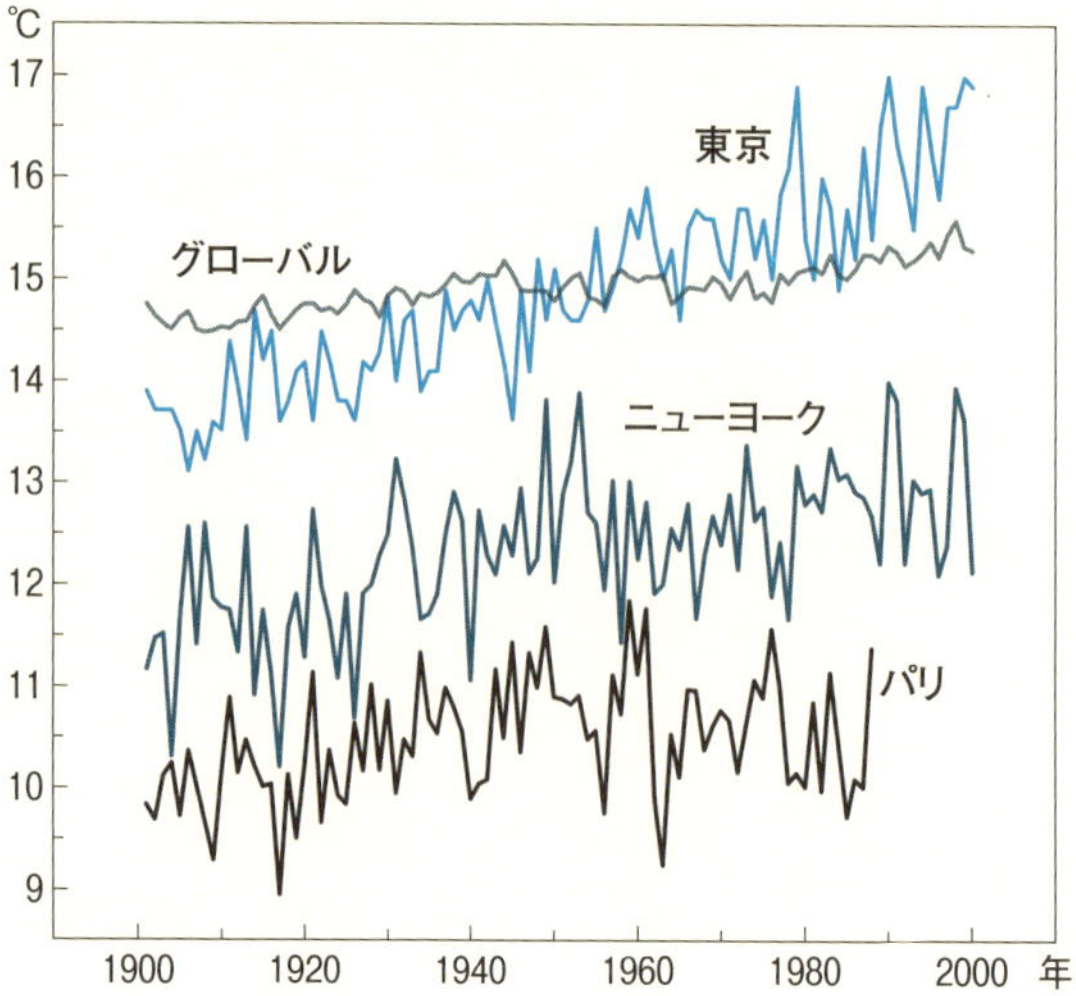

較べてみると、興味深いことに欧米の大都市では1950年頃までは顕著な気温上昇が認められますが、過去50年間はほぼ横這いで変化は小さくなっています。それに対して、東京ではむしろ戦後に上昇傾向が著しくなっています。この差は、次に述べるような都市の構造物の違いに起因していると思われます。

戦前の東京都心部は木造建築物が大半でしたが、戦後はコンクリート建造物の占める面積が急速に増大し、現在もビルの高層化が進んでいます。一方、ニューヨークやパリではすでに20世紀初めから石造りやコンクリート建造物が増え始めており1950年代には基本的に現在と変わらない都市の構造物となっていました。むろん気温上昇の要因は複雑で、単純に都市の構造物の違いだけで論ずることはできません。

問題は最高気温よりも最低気温の上昇

ヒートアイランドというと、一般に夏季日中の高温化が話題になります。確かに、関東地方における7月の最高気温分布を1950年代後半と1990年代後半とで比較してみると、30℃以上のエリアが東京から内陸部に向かって拡大していることがわかります（**図4・2。口絵6ページ参照**）。夏季日中の高温化で、熱中症による救急車搬送人員数も急増しています。しかし、都市の高温化傾向に拍車をかけているのは、

■図 4-2　関東における最高気温分布の広がり

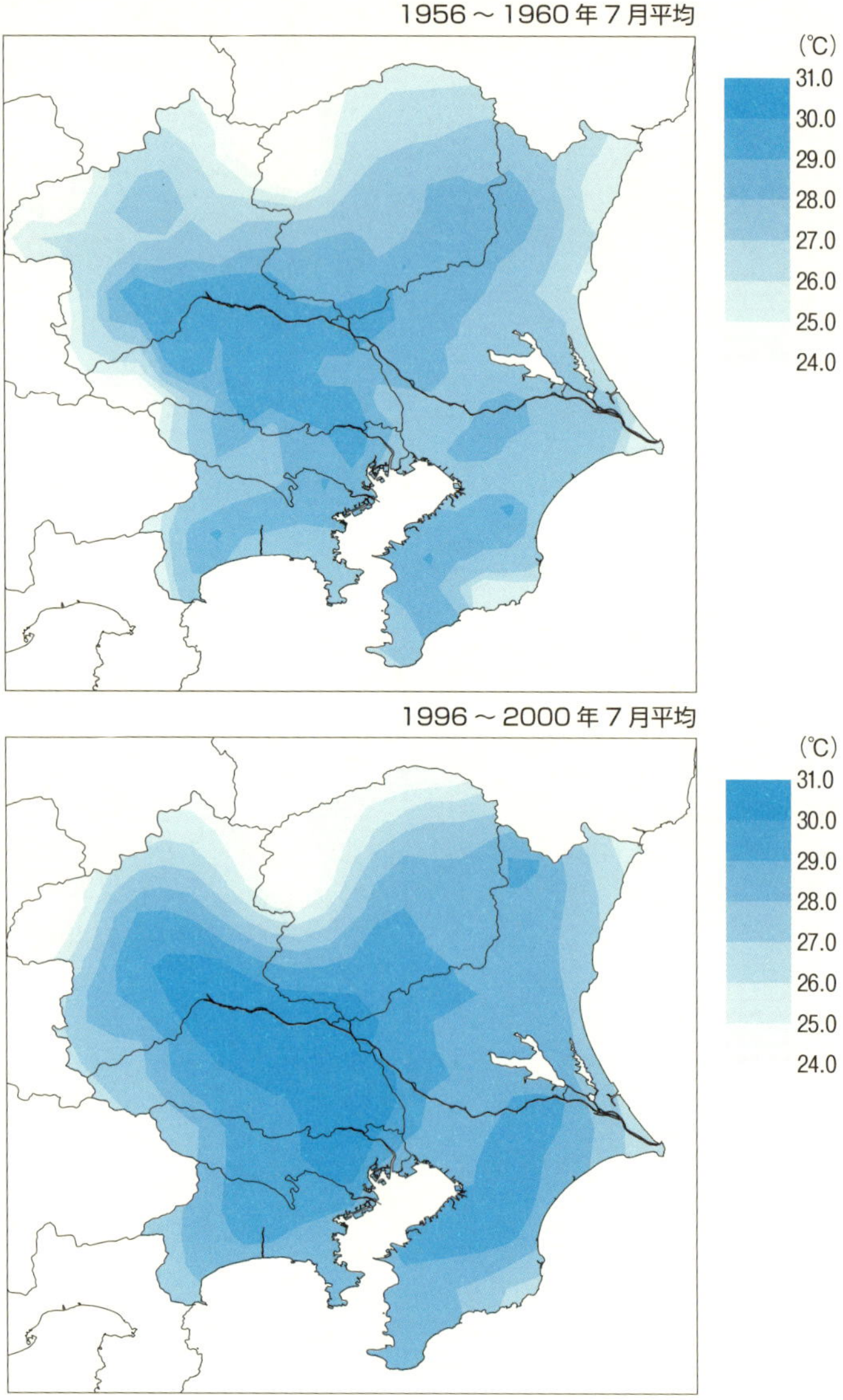

昼間の最高気温よりも夜間の最低気温なのです。

実際、夏の夜間から明け方にかけて最低気温が25℃より下がらない熱帯夜の日数は顕著に増えています。東京都心部では、1901〜1910年の年間熱帯夜日数が平均0・7日でしたが、1991〜2000年には平均29・6日と急増しています。特に戦後の増加傾向が著しいといえます（**図4・3**）。

一方、郊外でも熱帯夜は増えているのでしょうか。筆者らの研究グループが1998年度に行った首都圏高密度観測の結果では、都心部で最大40日を超える地域がある一方、八王子市など西の郊外地域では10日以下の熱帯夜日数に留まっていました。このことからも、都心部の高温化が主として夜間の最低気温の上昇によるものであることが明らかです。しかも、年間を通して都心と郊外の

■図4-3　東京都心部の年間熱帯夜日数（1901〜2004年）

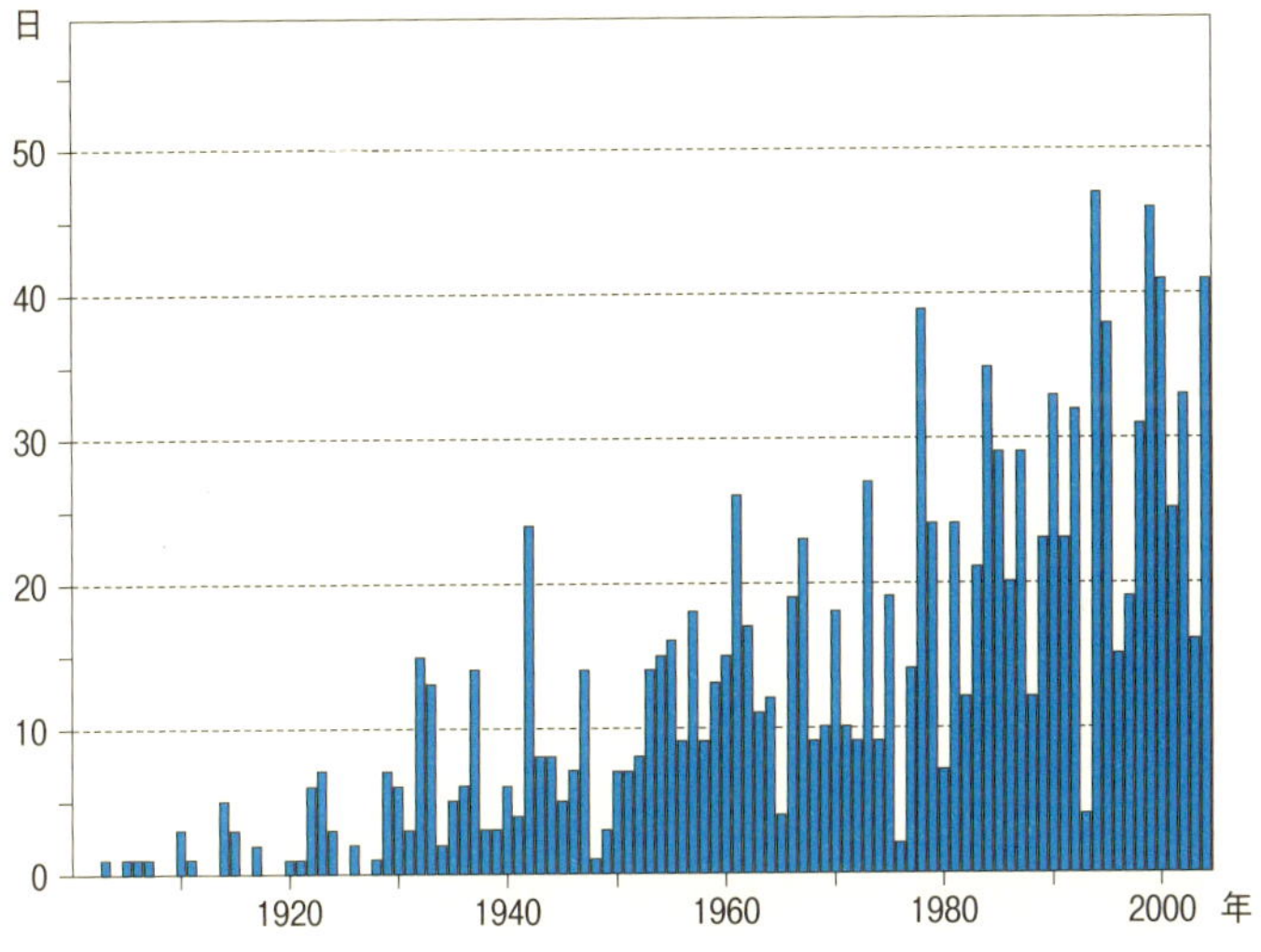

夜間気温の差を追って行くと、夏季ではなく冬季に最も大きくなります。晴れた冬の朝、霜の降りた郊外の自宅から都心のオフィスに通勤すると暖かく感じられた経験を持つ方も多いと思います。

東京都心部では冬季の最低気温が氷点下を記録する日数が激減していて、最近ではお堀に氷の張る風景もめったに見られません。しかし、冬のヒートアイランドは夏季の高温化とは逆に暖房エネルギー消費量の軽減に貢献するという側面もあるせいか、社会問題化することもほとんどないようです。

ただし、動植物の生態系への影響は無視できません。亜熱帯性の植物や昆虫などが都心部で増えているという報告もあります、その原因は夏季の高温化よりも冬季の気温上昇にあると考えられます（**表4・1**）。

■表 4-1　東京における過去 100 年間の気温上昇率（1901 ～ 2000 年。ただし 12 月は 1900 ～ 1999 年）

	日最高気温	日最低気温
冬　（12～2月）	+2.1℃	**+4.8℃**
春　（3～5月）	+1.8℃	+4.0℃
夏　（6～8月）	**+1.4℃**	+2.7℃
秋　（9～11月）	+1.6℃	+3.8℃

意外にも、冬の最低気温の上昇率が最大

4-2 豪雨の引き金「ヒートアイランド」

ヒートアイランドのメカニズム

ここで、都市が温暖化するメカニズムを考えてみたいと思います。大別すると、二つの要因があります。一つは、都市域での人工排熱の増大であり、もう一つは都市の構造物の変化です。どちらの要因が都市の高温化に寄与しているのかについては議論の分かれるところですが、次にそれぞれの要因について詳しく述べるとともに、ヒートアイランドの緩和策についても触れておきたいと思います。

増え続ける人工排熱

第一の要因である都市域での人工排熱については比較的理解しやすいでしょう。都市域では人口が集中し、エネルギー消費量が増加の一途をたどっています。人工排熱の原因である人為的なエネルギー消費量を正確に求めるのは容易でありませんが、工場や事業所、住宅、自動車などから排出される熱量は膨大です。東京都の調査によると、1998年度における都内の年平均人工排熱量の推計値は、区部で平均1平方メートルあたり約24ワットになります（**図4・4。口絵3ページ参照**）。東京地域で受けとる年間平均日射量は1平方メートルあたり約130ワットですから、東京区部の人工排熱量は日射エネルギーの20%近くにも達する計算になります。都内でも、オフィスビルが集中し自動車交通量の多い都心部では40ワット以上に達していて、局所的には100ワットを超えてほぼ日射量に匹敵するエネルギーを排出しています。また世界的にみると、高緯度に位置する都市では、冬季には人工排熱量が日射量を上回ることも珍しくありません。

人工排熱は直接大気を加熱して気温上昇に拍車をかけます。とりわけ、夏季日中の高温出現時には都心部の冷房需要はピークに達し、エアコンの室外機や高層ビルの屋上に設置された冷却塔からの排熱が気温を上昇させるため、さらに冷房需要を増大させるという悪循環を生み出すことになります。

■図 4-4　首都圏の人工排熱（熱消費量）マップ（1998 年度）

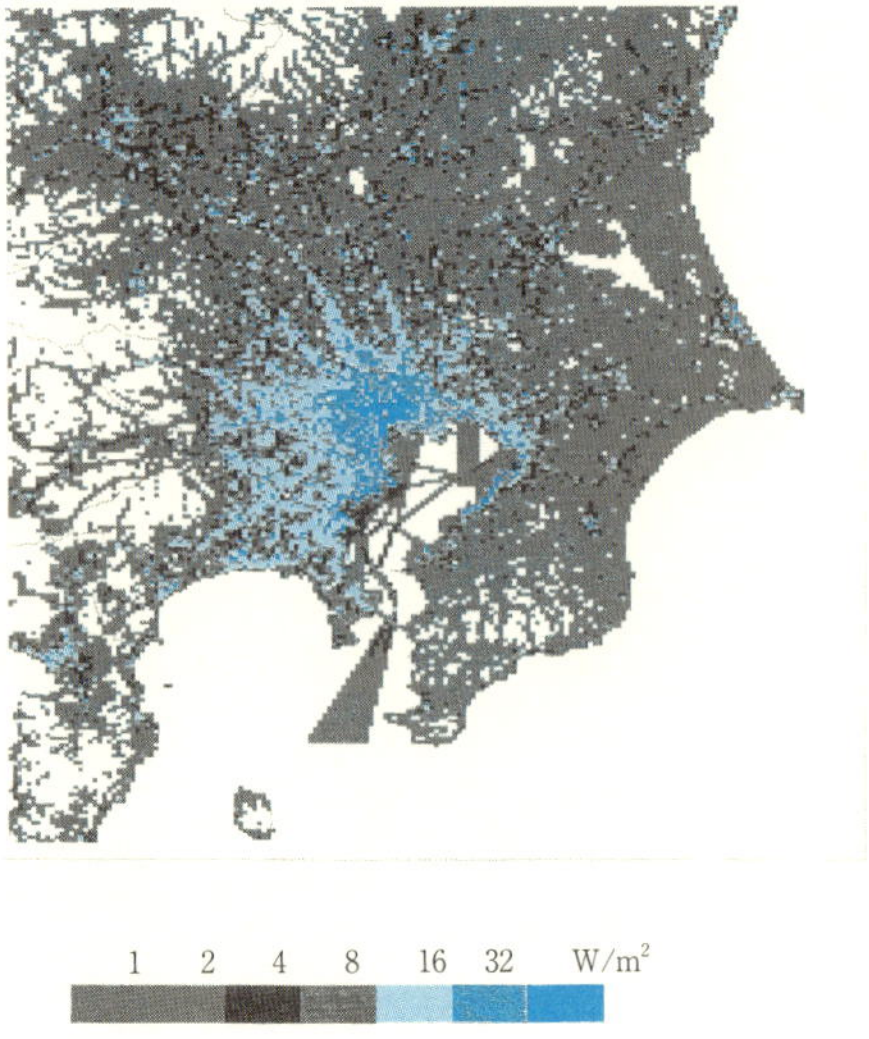

都市の構造物の変化1 ——コンクリート・アスファルト化——

次に、第二の要因である都市の構造物の変化について考えてみましょう。これは三つに大別して考えるとわかりやすいと思います。

一つは、コンクリート・アスファルト化です。コンクリートの建造物やアスファルト舗装道路で覆われた都市の地表面は、森林・草地や田畑・裸地が主体の郊外田園地帯とは、熱容量・熱伝導率などの熱的特性や、蒸発効率や反射率・射出率などの放射特性が大きく異なります。例えば、コンクリートやアスファルトは夏季日中に日射

■図 4-5　夏のアスファルト面の表面温度

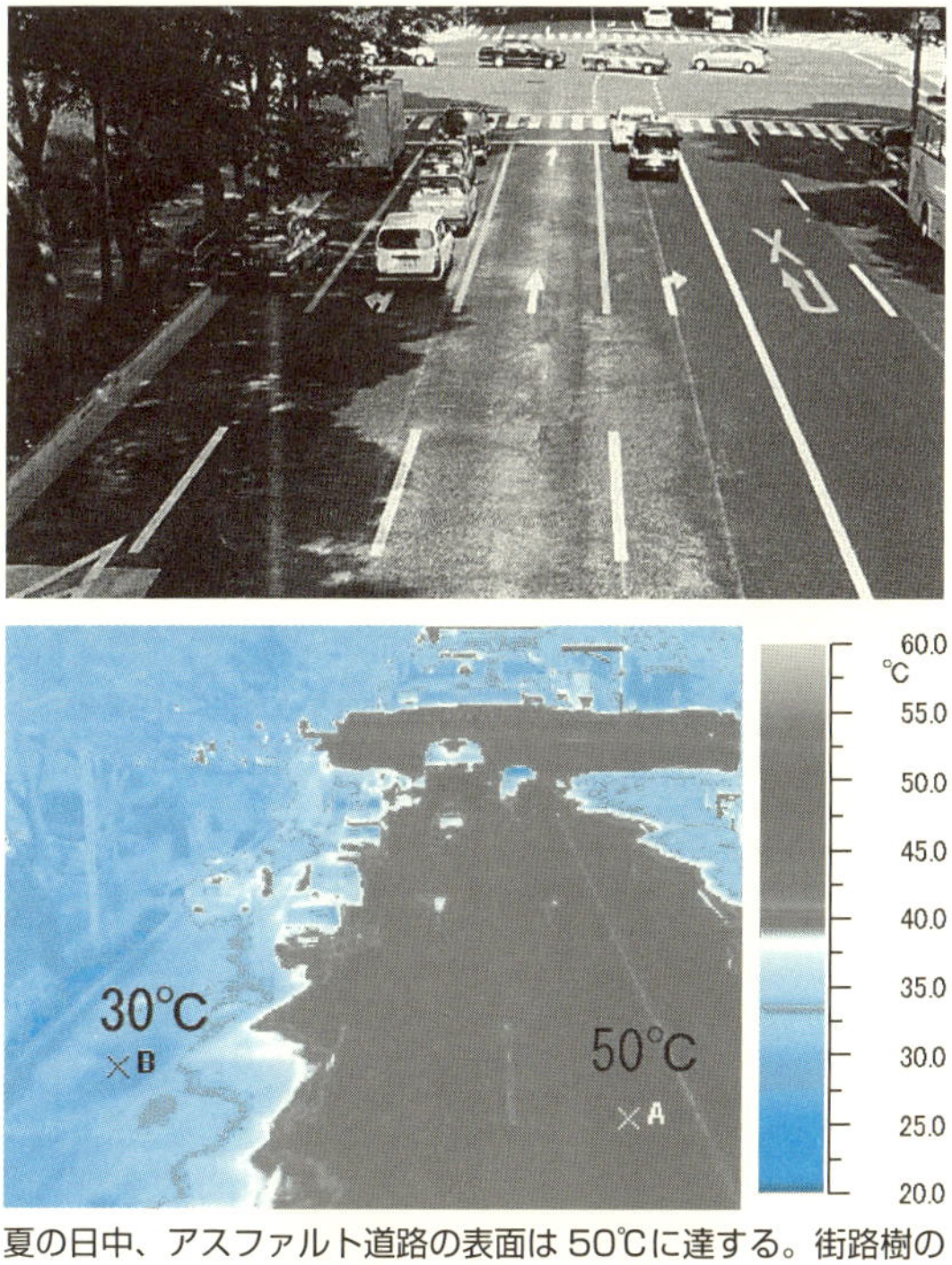

夏の日中、アスファルト道路の表面は 50℃に達する。街路樹の日陰になった道路表面温度は 30℃。口絵参照。

エネルギーを吸収してその表面温度はしばしば50℃を超えます（**図4・5。口絵4ページ参照**）。夏の炎天下で暑く感じるのは、日射に加えて高温のコンクリート面からの放射熱が加わるためです。さらに、夜間になってもそれらの表面温度は気温よりも高いため周囲の大気を加熱し続けることになります。これに前述の人工排熱が加わり、都市部では夜間の気温低下が大幅に抑制されます。これが熱帯夜を増加させる主な要因です。

コンクリートやアスファルトが水を通さない材質であるという点も都市の高温化に寄与しています。最近、東京では保水性舗装*の実験的試みがなされています。透水性舗装の場合は雨水が地中にまで浸透するため、地下水面の低下を防ぐ効果がありますが、ライフラインが地下に張り巡らされている都市部では地表面で雨水を保つ舗装の方が好まれるのでしょう。ただし現状では保水能力が十分とはいえず、雨が降らない日が続くと効果が薄れてしまいます。

都市の構造物の変化2 ——ビルの密集化——

二つ目に都市の構造物の変化を特徴づけるものとして、中高層建造物の密集化があげられます。一般に都市は郊外田園地帯に較べて建物などによる凹凸（粗度）が大き

＊保水性舗装
夏の日中に道路の表面温度が上昇するのを抑える目的で、保水剤と呼ばれる水分を蓄える能力の高い物質を隙間がたくさんあるアスファルト舗装にしみ込ませたもの。東京都などでは、道路の一部で試験的に保水性舗装をしている。

く、空気が上下に混合しやすいのです。風の弱い晴天夜間には、郊外田園地帯では放射冷却によって地面から熱が奪われるため、気温は上空ほど高くなる接地逆転層を形成します。一方、中高層建造物の密集する都市部では都心に中心を持つヒートアイランドが形成され、地表面の気温は高まり上昇流が生じて大気は上下に混合しやすくなります。このため、接地逆転層は破壊されますが、上空は薄い逆転層に覆われています。都心部で上昇した気流は、この逆転層にはばまれて周囲に拡散し逆転層の下を郊外に向かって流れ出します。

東京やニューヨークなどの大都市では、高度200〜300メートル付近で逆転層の壁につきあたります。この高さが夜間

■図 4-6　都市部と郊外での逆転層の違い

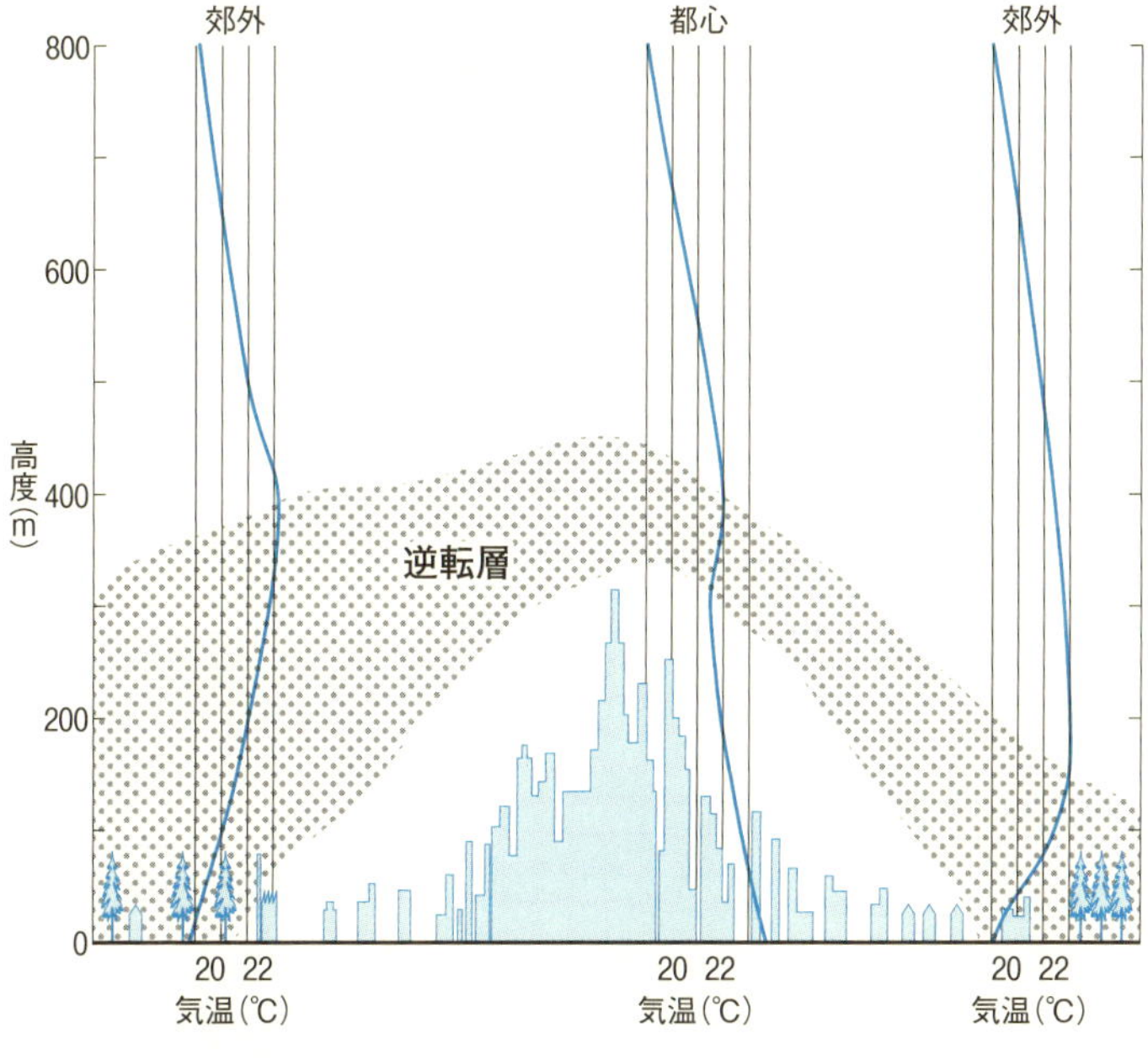

のヒートアイランドの上限ということもできるでしょう。言い換えると、都市のヒートアイランドは逆転層という壁で包まれたドーム構造をしているのです。ドームの中で排出された汚染物質は内部を循環するのみで、ドーム外に出られず、この状態が長時間続けば大気汚染は進行することになります（**図4・6**）。

しかし日が昇ると郊外では逆転層が消滅し、汚染ドームも破壊されてしまいます。都心部の上昇流の到達高度も500～1500メートルにまで達するようになり、混合層が形成されるのです。

ここで、再び中高層建造物の密集化に話を戻しましょう。中高層ビルの壁面では日射を吸収すると同時に反射した日射が隣のビルの壁面で再び吸収・反射されます。ビルが高層化し、密

■図 4-7　都市の構造物による放射への影響

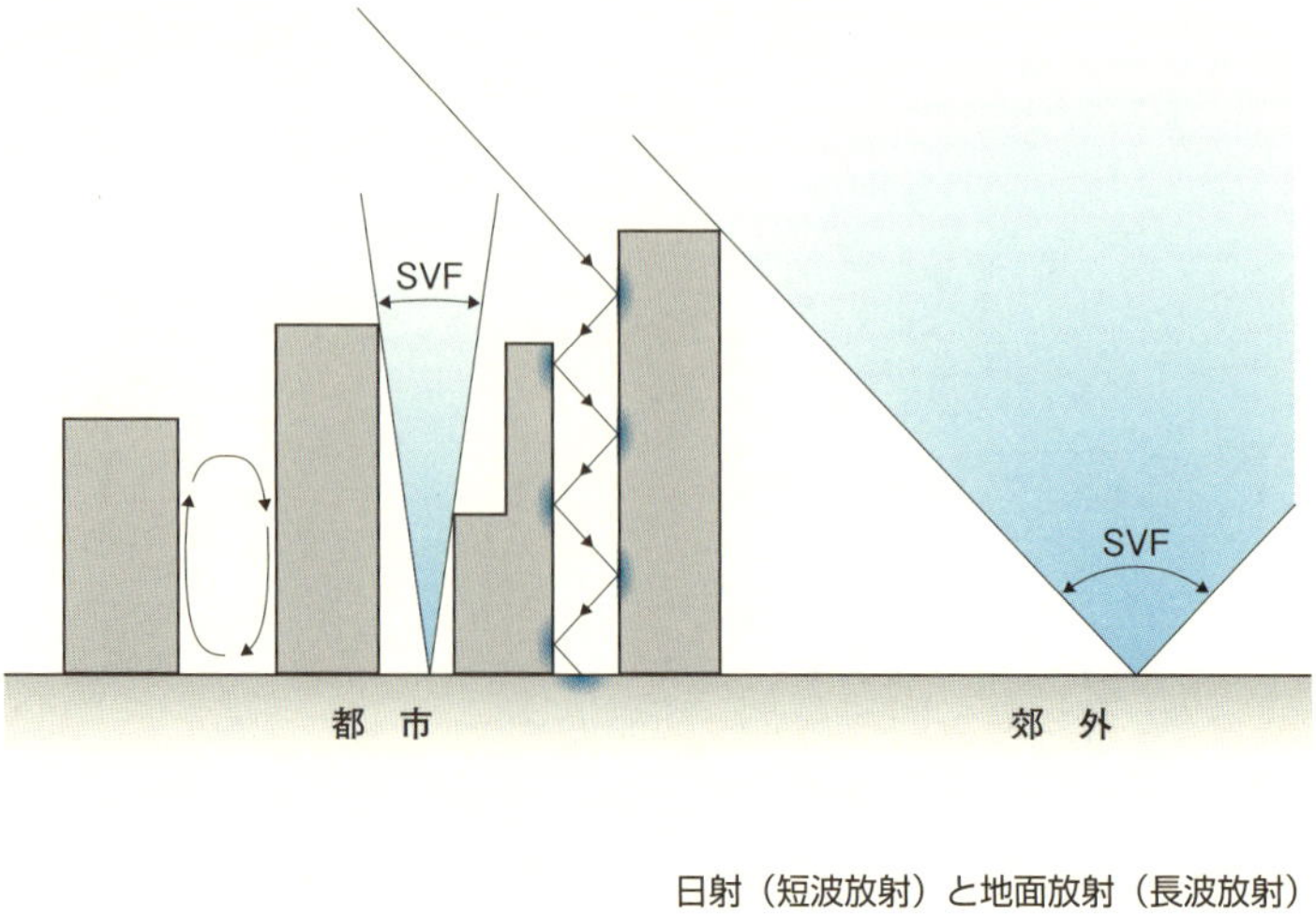

集するほどこの効果は大きくなります。

このようにビルの壁面は内部の熱を壁面を通して外部に排出するだけでなく、日射の多重吸収・反射を通して蓄熱するため、建造物のない田園地帯や低層住宅地が主体の郊外に較べてより多くの熱を蓄えるのです。日射のない夜間になると、地表面からの放射熱が上空に逃げて行く放射冷却現象が起こります。地上に立って空を見上げたとき、周辺に建物の少ない郊外では空が広がって見えますが、ビルの密集する都市では空の見える範囲が小さくなります。

このように、地上から見上げた空の見える範囲を指数で表現したのが、天空視界係数（SVF）です。郊外ではSVFが大きいために、地上からの放射熱が上空に逃げて冷える「放射冷却」が強まりますが、都市部の中高層ビルが密集した場所では、建物壁面に邪魔されてSVFが小さくなるため、熱がこもった状態になり、夜間の気温が下がりにくくなります。これも熱帯夜を増やす原因になります（**図4・7**）。

都市の構造物の変化3 ——緑地・水面の減少——

都市の構造物にみられる変化の三つ目は、緑地・水面の減少です。東京では多くの中小河川が暗渠化され、改修されて水面の占める割合が大きく減っていることから、水面からの蒸発による気化熱の効果も弱まっていると考えられます。また、夏季日中の河川水面の温度は、そこに接する空気の温度よりも低いために、蓄熱して気温の上昇を抑える効果がありますが、水面の面積が減るとこの効果も小さくなってしまいます。幸いなことに、荒川、隅田川、多摩川といった比較的大きな河川の水面は保全されており、東京湾から吹き込む冷涼な海風を都内に導いてヒートアイランドを緩和する「風の道」としても有効に働いています。

水面とともに気温上昇を抑制する効果の高い緑地も戦後著しく減少しています。都市化の進展は、郊外では畑地や森林をつぶして住宅地を広げ、都心部では木造の低層建造物からコンクリート造りの中高層建造物への転換という形で緑地の大幅な減少をもたらしました。緑地の減少による気温上昇を見積もるのは困難ですが、緑地の存在が周辺市街地の高温化を幾分かでも抑制する効果は十分に期待できます。

4-3
豪雨の引き金「ヒートアイランド」

ヒートアイランドと海風効果

超高層ビルが海風を遮る

最近、東京の湾岸地域には200メートルを超える超高層ビルが次々と建てられ、「東京ウォール」という表現も聞かれます。実際、汐留地区には「シオサイト」と呼ばれる高層ビル群が出現し、ビルの風下にあたる新橋駅周辺で東京湾からの海風が弱まり、夏季の気温が上昇したのではないかと懸念されています（**図4・8**）。

筆者らの研究グループでは、夏に新橋汐留地区において気球観測を実施し、高層ビル群が海風に与える影響を調査しました。また、国土交通省建築研究所では、夏季の午後に卓越する南風の条件を与えて、湾岸の高層ビル群や建物、街区道路による高度別の風速ベクトルの変化をコンピュータ流体力学モデルを用いて明らかにし、実際の観測地と比較する試みを行っています。5キロメートル四方で格子点間隔5メートルという高解像度の計算には、スーパーコンピュータである地球シミュレータを用いています。5ページの口絵は、「シオサイト」高層ビル群がある場合とない場合について、高度50メートルにおける東京湾からの海風（地上300メートルで南風、50メートルで南東風）の風向や風速がどのように変化するかをシミュレートしたものです。ビル群の風下地域で部分的に風が弱められ、気温も上昇することがわかり、実測値とも矛盾しない結果となりました。

さらに広域のスケールで、東京湾海風と東京のヒートアイランドの関係を解明する試みも行われています。東京都環境科学研究所と東京都立大学（現・首都大学東京）が共同で都区内120地点に独自の高密度気象観測システム（METROS）を構築し、その観測データ解析からヒートアイランドの詳細な時空間構造が明らかになりました。120地点のうち、20地点では風向風速や気圧も計測しており、海陸風循環と気温分布の関係に関していくつかの新知見が得られました。

■図4-8　東京・汐留に出現した高層ビル群

特に興味深いのは、夏季の場合、都心部の気温が最も高い典型的なヒートアイランドの出現は、早朝の海陸風が弱まる時間帯のみに限定されるということです。日中は南よりの海風による移流効果で、都心部の高温域が北部から北西部方向に移動しますが、海風が河川沿いに流入する東部では日中から夜半にかけて相対的に低温な状態が持続することも明らかになりました。東京の場合、夜半まで南よりの海風が吹き続けることもわかりました（**図4・9**）。

海陸風は、基本的に陸地と海面の温度差によって生じますが、東京の

■図4-9　東京都区内の夏季気温分布と風系(2004年7月8日午前5時の事例)

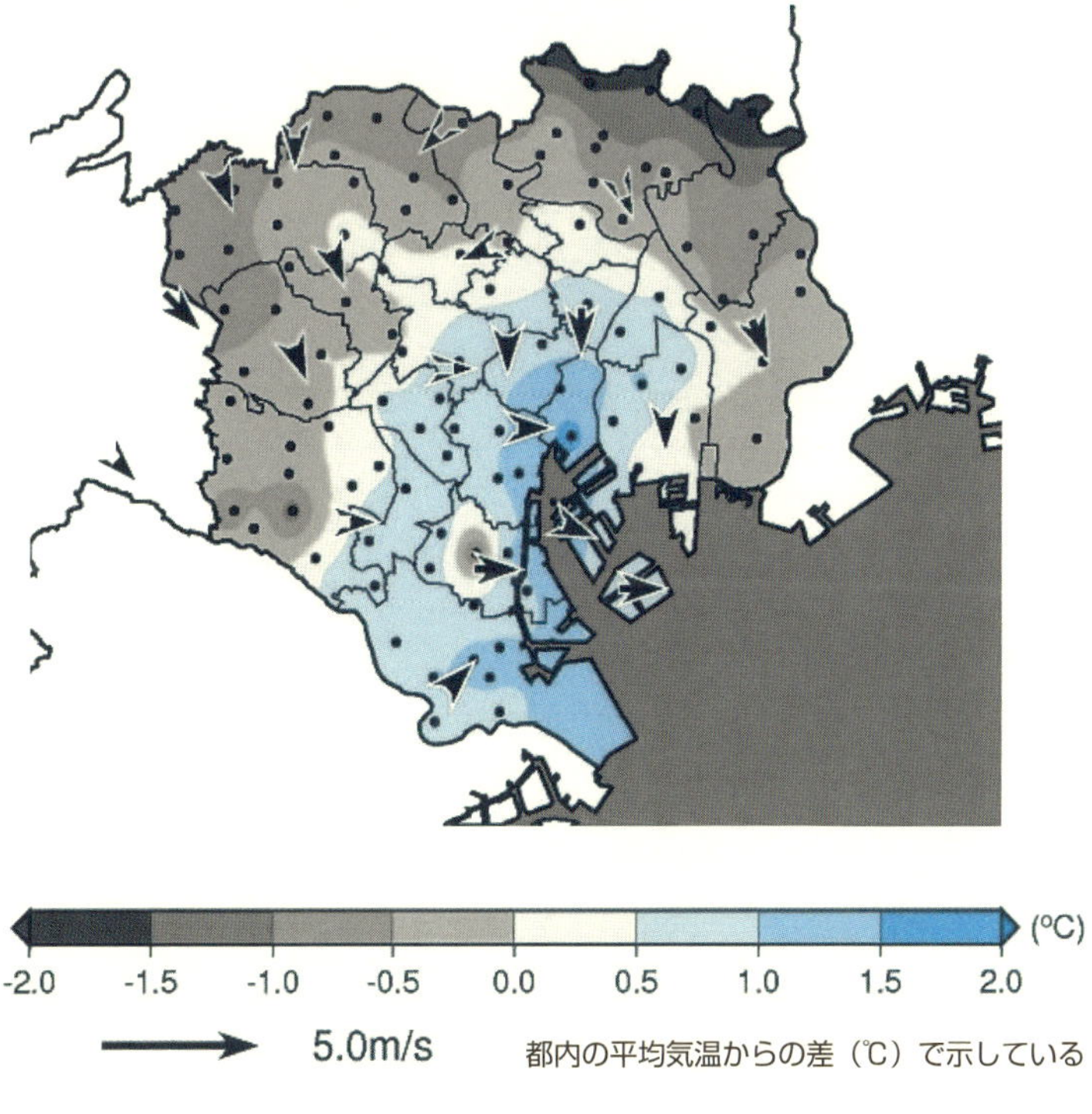

都内の平均気温からの差（℃）で示している

場合、夜間になっても都心部の気温が高い状態が継続することが多く、このことも海風の形成に大きく寄与していると考えられます。東京に限らず、今後都市化の進展でヒートアイランドが強まれば、同様の現象が各都市で見られるようになるかもしれません。

4-4
豪雨の引き金「ヒートアイランド」

緑地と水辺空間によるヒートアイランド緩和

公園緑地がもたらす冷却効果

一般に樹木や芝生などの植生は、葉面からの蒸散作用で気温の上昇を抑制する効果があります。実際、都内の大規模緑地の一つである新宿御苑で筆者らの研究グループが観測した結果では、夏季の日中に緑地内と周辺市街地の気温差は3～4℃にも達しました。日中風が吹くと、緑地内の低温な空気は市街地に流出し、新宿御苑の場合で風下側約200メートルの範囲で2℃程度気温を下げることや、風のない晴天夜間には、芝生面からの放射冷却などで生み出された冷気が、周辺市街地に滲み出して周辺90メートルの範囲で最大3℃の冷却効果があることも精密な観測から明らかになりました（**図4・10**）。

実際、ニューヨークやロンドンなど、欧米の大都市では広大な公園緑地が市民の憩いの場として活用されていますが、同時に市街地のヒートアイランドを緩和するクールアイランドとしても十分に機能しています。都市の大規模緑地はこのようなクールアイランド効果のほかにも、凹凸の少ない（粗度の小さい）点で大規模河川の水面と同様、海岸部から都市内に向かって連続的に配置することで「風の道」としての有効活用が期待できます。

東京都では、温暖化対策事業の一環として、都内の学校校庭の芝生化を推進しています。都内の校庭は、大部分が硬い土やコンクリートで覆われていますが、芝生化すれば夏季日中の表面温度は確実に低下する上に、強風日の土ぼこりを防ぐ効果も期待できます。何よりも、生徒自身が夏季の高温化軽減を体験することで、環

■図 4-10　緑地内冷気の市街地流出（2000 年 8 月 5 日）

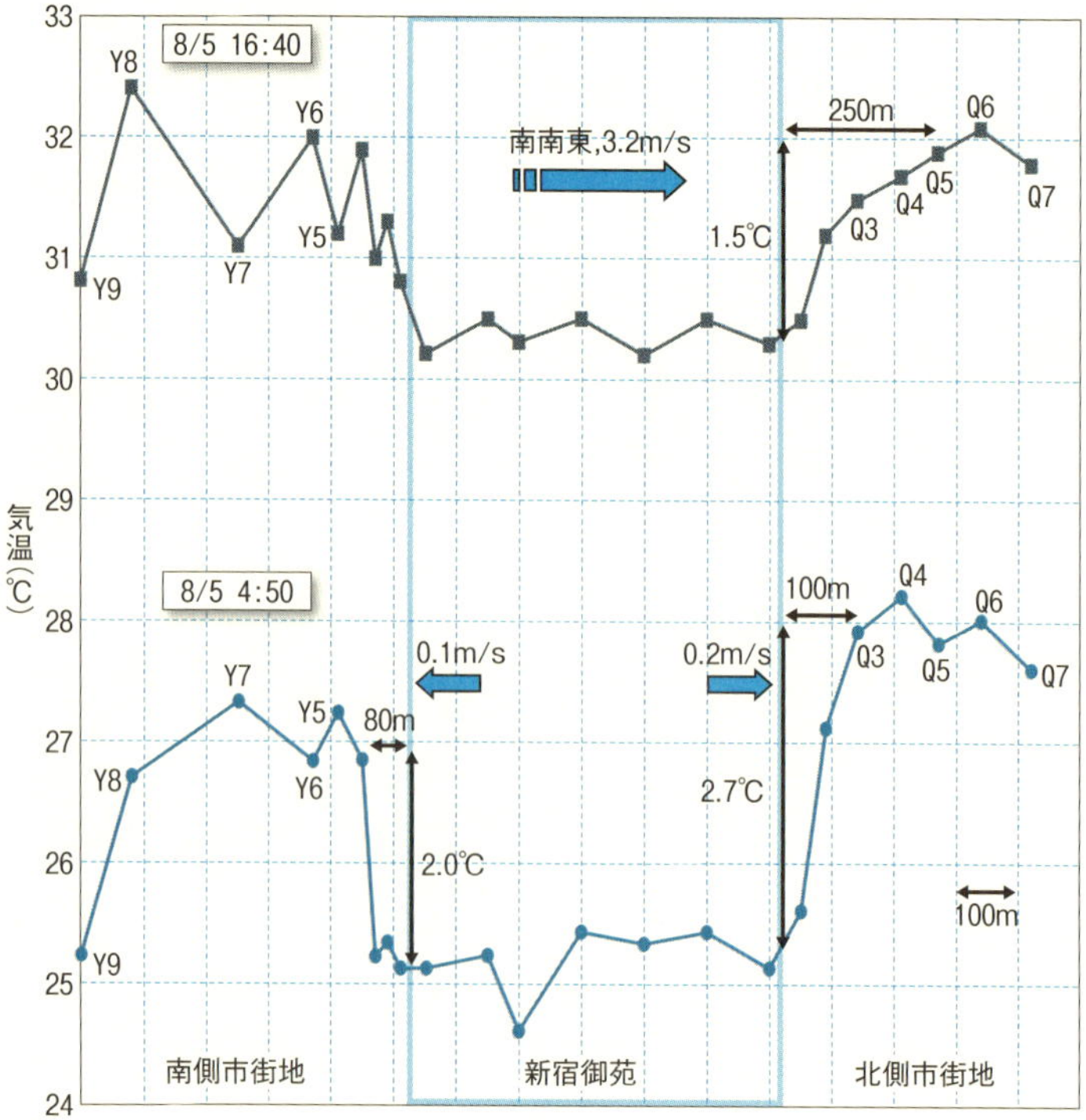

境教育の面からも効果が期待できるでしょう。芝生の維持管理に費用がかかる等の問題点はありますが、是非積極的に推進してもらいたいものです。

義務づけられ始めた「屋上緑化」

ところで、緑化対策でまず思い浮かぶのは、建物屋上に緑を配置する屋上緑化です。屋上緑化についいては、これまで数多くの文献が出されており、その効果についても建築分野を中心に実験による効果測定や数値モデルによる建物周辺への影響評価などが行われています。一口に屋上緑化といっても多種多様で、ビルの屋上に樹木を植えたり、池などの水面を配置して屋上庭園を創出する本格的な緑化もあれば、セダム等を敷き詰めるだけの簡便なものも数多く見られます。東京都でも、2001年度から1000平方メートル（公共建

■図 4-11　東京都庁の屋上緑化

物は250平方メートル）以上の敷地における建築物の新増改築時に、地上の2割に加え、屋上面積の2割の緑化計画書を提出することを義務づけました。また、各区においても屋上緑化に補助金を出すなどの積極的な推進策をとっています。都庁ビルの屋上にも試験的な緑化が行われています（**図4・11。口絵2ページ参照**）。

屋上緑化によるヒートアイランド緩和効果は、次のように考えられます。第一に、屋上面の表面温度が緑化によって著しく低下するため、周辺大気への加熱が弱まり、気温上昇を抑制する効果が期待されます。ただ、屋上面での測定からは一定の気温低下が見込まれますが、200メートルの高層ビルの屋上緑化によって地上の気温が低下する効果はほとんど期待できないでしょう。しかし、これから屋上緑化面積が増えれば、徐々に効果が出てくる可能性はあると思います。

韓国ソウル市の大規模都市環境改善プロジェクト

韓国のソウル市では、近年、自動車交通量の急激な増加などによる大気汚染やヒートアイランドなど、都市環境の悪化が市民生活を脅かし始めています。また、一部の老朽化した都市構造物の崩壊事故などで、市民の都市環境改善に対する要望が高まっています。こうした背景のもとで、ソウル市は、市の中心部を東西に貫く延長約6キ

図 4-12
工事中のソウル市・
清渓川

図 4-13
工事前の清渓川暗渠
上の高速道路

図 4-14
親水空間として生まれ
変わった清渓川

図 4-15
清渓川には魚も
棲み着いている

ロの高架道路を撤去し、本来その下を流れていた清渓川（チョンゲチョン）と呼ばれる旧河川を復活させて清流と緑道に変えるという世界の諸都市でも例を見ない大規模な都市再生事業を実行しました。

清渓川は李氏朝鮮の時代から下水道としても利用されてきましたが、戦後は暗渠化され、1971年に延長約6キロの高架道路が開通しました。しかし、近年

図 4-16　サーモカメラで見た清渓川

工事前（2003 年）

清流復活後（2007 年）

老朽化が進み、補修工事を繰り返して道路を維持するよりは、新たな親水空間として再生させたいという要望が高まり、事業の実施が決定したのです。工事は、2003年の7月に始まり、2005年秋の完成を目指して急ピッチで工事が行われました（**図4・12**）

図4・13は、工事前の2003年4月に訪韓した折りに、高架道路に隣接する高層ビル屋上から撮影したもので、工事が完成して2年経過した2007年夏に同じビルの屋上から撮影した**図4・14**でみると明らかなように、緑が配置された清流に生まれ変わっていました。完成した川は、水が音をたてて流れ、一部では魚も住みついています（**図4・15**）。

サーモカメラで比較してみると、工事前（2003年）と清流復活後（2007年）では、表面温度が明らかに低下していることがわかります（**図4・16**。**口絵7ページ参照**）。特に、コンクリートの高架道路表面温度は、水面に変わったことで顕著に低下しています。

街路樹によるヒートアイランド緩和

東京でも大気汚染やヒートアイランドが深刻化し、屋上緑化の義務づけ等の施策がとられ始めていますが、交通量の多い既存の道路を撤去して大規模な親水空間に変えてしまうという大胆な発想は出てこないようです。せめて、新宿御苑のような都市内緑地の保全と高層ビル建設で生じた空地の全面緑化に期待するしかないのでしょうか。

筆者は最近中国の北京を訪問する機会があり、北京市内を散策して印象に残った景観があります。それは、市内のほとんどの主要道路沿いに街路樹が植えられていることでした。東京に較べて道路幅が広いということもありますが、葉が生い茂った街路樹は、歩道空間や自動車道路に日陰を作り、夏の日中の高温を抑制する効果があります。**図4・5**でも明らかなように、夏の日中のアスファルト表面温度は街路樹の日陰部分では、日射の直接あたる部分に較べて20℃も低くなります。日本の都市にも街路樹は見られますが、過剰剪定で道路面への日陰効果はあまり有効にはたらいていません。都市の街路樹を増やすことで、ヒートアイランドを少しでも抑制することができれば、地球温暖化対策にも貢献し、一石二鳥ではないかと考えます。

4-5
豪雨の引き金「ヒートアイランド」

広域化する首都圏のヒートアイランド

最高気温を記録した熊谷の地理的要因

２００７年８月16日、埼玉県熊谷市では過去最高の４０・９℃という記録的な暑さとなりました。これは、北の山岳地域から山を越えて吹き降りてきた乾いた熱風によるフェーン現象が主な原因です。また、東京湾や相模湾から吹いてくる涼しい海風が、都心部のヒートアイランドによって弱められてしまうことも影響しています。

私たちの研究グループでは、８つの大学・研究所が協力して、２００６年夏から首都圏とその周辺の約２００カ所の小学校百葉箱に、自動記録式温度計を設置し、10分ごとの気温を同時測定しています。前に紹介したMETROSをさらに広域化したシステムで、広域METROSと呼んでいます。これは、広域化する首都圏の気温分布の実態をできるだけ詳細に把握し、特に夏季日中の高温域の拡大がヒートアイランドおよび海陸風循環とどのように関連しているかを究明するためのものです。

実は、熊谷で４０・９℃を記録した日に、広域METROSの観測結果からは、40℃

以上の高温域が熊谷だけでなく埼玉県南部にかけて広がっており、特にさいたま市南部（旧浦和市）では当日の最高気温が42℃を超えていたことがわかったのです。むろん熊谷気象台での観測方法は、電動通風式で温度センサーも異なるため、単純に比較することはできませんが、高密度で配置した広域METROSによって高温域の広がりの状況が詳細に浮かび上がったのです。しかも、最高気温が出現した時刻には、北からの乾いたフェーンの風と、東京湾から吹き込む南からの海風がちょうど埼玉県南部で収束し、そのすぐ北側のエリアで42℃以上の高温を記録したことが明らかになったのです。

フェーンという特殊な条件がなくても、関東全域が夏の太平洋高気圧に覆われると、関東北部の熊谷ではしばしば35℃を超える猛暑日となります。これは、熊谷が内陸部に位置するため、海岸部の都市に較べて熱せられやすいという地理的条件に加えて、海風の侵入が都心部のヒートアイランドによって弱められるためです。さらに、弱められた海風が、途中のさいたま市のヒートアイランドの熱で下から暖められる効果も重なるため、より高温化すると考えられます。もちろん、熊谷市自体のヒートアイランドの影響も大きいでしょう。

第5章

なぜ東京に夏の豪雨が集中するのか？

雲を呼ぶ環状八号線

これまで報道された都市型豪雨のほとんどは、東京都内の狭い範囲に起こっています。とくに、第1章で紹介した例のように、1時間50ミリから１００ミリを超すような激しい豪雨は、練馬や杉並といった東京区部の北西に片寄って発生しています。なぜ、特定の地域に夏の豪雨が集中するのでしょうか。その謎を解く鍵が、東京上空の不思議な雲列に隠されていました。

環七《かんなな》から移動した「環八雲《かんぱちぐも》」

「環八雲」という言葉を聞いたことがあるでしょうか。夏の午後に、東京の幹線道路、環状八号線の上空に現れる不思議な雲の列のことです（**図5・1**）。積雲と呼ばれる雲で、都市型豪雨の発生を考える上で重要なヒントを与えてくれるのです。環八雲は、東京都武蔵野市在住のTさんが、１９７０年代に発見したといわれています。雲の形成については前に説明しましたが、なぜ環状八号線の上空に現れるのでしょうか。Tさんによれば、昭和40年代、50年代には、東京の都心寄りの東を走る環状七号線の上空に現れることが多かったようです。いずれにしても、交通量の多い幹線道路上に出現することから、大型ディーゼルトラックなどの自動車から出る排気ガスが凝結核になって雲ができやすいのではないかと、一般に信じられていました。

その後の研究で、環八雲の形成には、東京のヒートアイランドや海風の収束が重要な役割を演じていることが明らかにされたのです。雲ができるためには、湿った空気が上昇する必要があり、大気中の微粒子が凝結核となって水蒸気から雲粒に姿を変えることはすでに説明しました。空気塊は、地面が暖められて対流が生じて上昇する場合もありますが、周辺からの気流の収束によって強制的に上昇する場合もあります。名古屋大学の甲斐憲次氏の研究グループ

■図 5-1　夏の午後に現れる環八雲（口絵 2 ページ参照）

提供：練馬区役所

は、典型的な環八雲の出現した1989年8月21日について、東京都内の風や気温のデータを詳しく解析して、雲の形成メカニズムを明らかにしました。

1989年8月の環八雲の形成

まず、当日の天気は、太平洋高気圧が日本付近に張り出して、典型的な夏型の気圧配置でした。このため、海陸風が発達し、午後には東京湾からの南東よりの海風と相模湾からの南西よりの海風が東京に吹き込んでいました。気温分布を調べてみると、朝方は都心部を中心とするヒートアイランドができていましたが、東京湾からの海風が吹き込むにしたがってヒートアイランドの中心が風下に移動し、午後3時頃にはちょうど環状八号線付近が高温の中心になっていました。この時間帯の海風を詳しく調べてみると、ちょうど環状八号線に沿うように東京湾からの南南東の海風と相模湾からの南南西の海風が、斜めにぶつかり合って収束していることがわかったので

■図 5-2　環八上でぶつかる海風

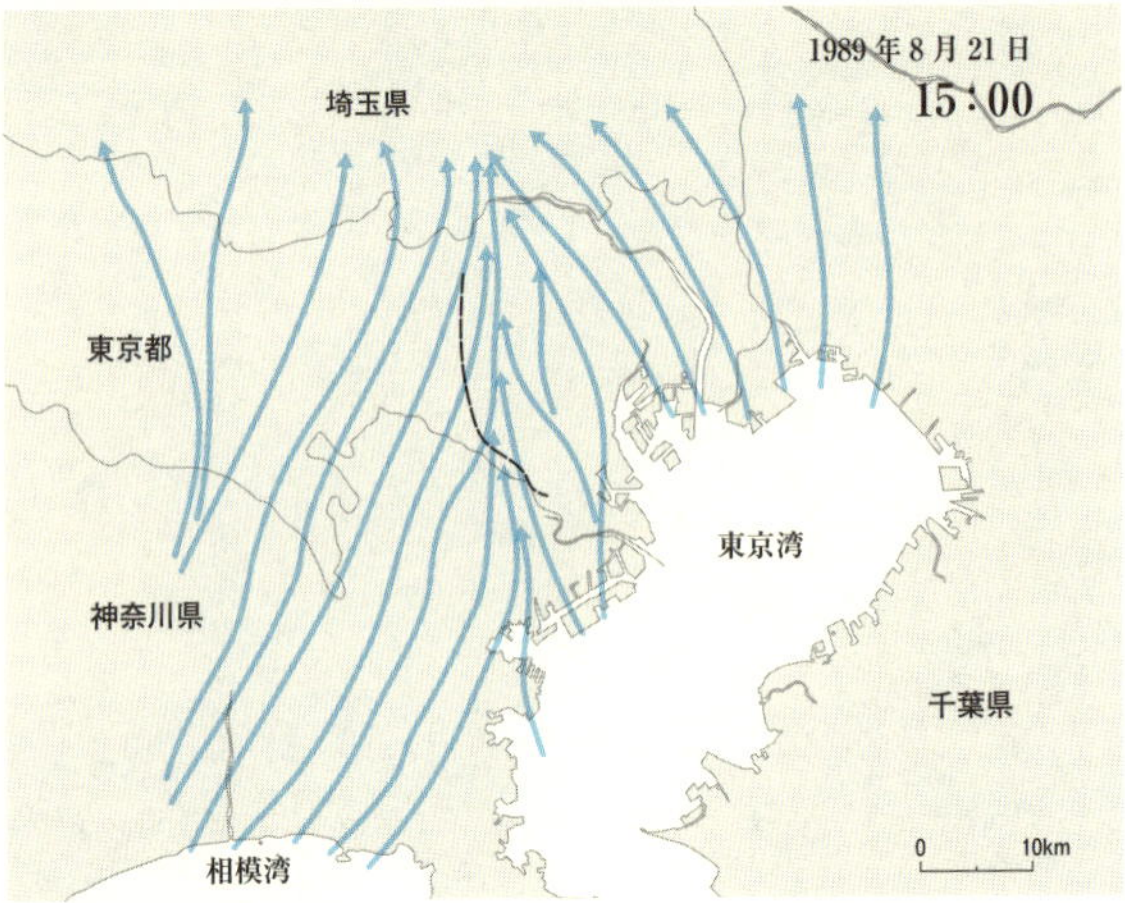

甲斐ほか（1995）

す（**図5・2**）。

また、雲の形成に不可欠の水蒸気とエアロゾル（大気汚染物質。54ページ参照）はどうでしょうか。夏の海風は水蒸気を十分に含んでおり、しかも臨海工業地帯や都心部を通ってくるため、凝結核になるエアロゾルも運ばれてきます。こうしてみると、環八雲は環状八号線があるからその上空にできるのではなく、東京湾海風と相模湾海風が大量の水蒸気と汚染物質を運んでぶつかり、上空に持ち上げられる場所が、たまたま環状八号線沿いになっているといえるでしょう。

この環八雲の形成を、数値シミュレーションで再現し、都市化の影響を客観的に評価する試みが、東京工業大学の神田学氏によって行われています。環八雲の発生に都市化の影響があると指摘されていますが、数値モデルには人工排熱のデータを入力してあります。シミュレーションの結果、夏の午後に東京湾と相模湾からの海風がぶつかって、ちょうど環八付近で積雲の列が形成される状況が再現されました。興味深いことに、人工排熱を減らして計算し直してみると、積雲の列が環状八号線の内側（東の都心側）に移動したのです。このことは、前述のTさんも経験的に観察していますが、シミュレーション結果と一致する結果が得られたことは大変興味深いことです。

5-2
なぜ東京に夏の豪雨が集中するのか？

練馬は海風の交差点

地形によらない豪雨発生パターン

近年、都市域で夏季の集中豪雨が増えているといわれますが、その実態や発生メカニズムについては十分解明されていません。都市が存在することでヒートアイランドが形成され、高温域の中心部で上昇流が生じて対流活動が活発になりやすくなる可能性はありますが、はたしてそれだけで1時間100ミリといった豪雨が降るだろうかという疑問がわいてきます。

そこで、筆者の所属していた研究室では過去約20年間の広域首都圏における気象観測データを詳細に分析し、東京都内に中心をもつ都市型豪雨の出現特性とその発生メカニズムを明らかにする試みを行いました。当時（2000年）筆者の研究室の大学院修士課程の学生だった永保敏伸君が都市型豪雨に強い関心をもっていたことが、研究を始める直接の動機でもありました。また、第1章でも紹介した1999年7月21日の「練馬豪雨」も背景にあったと思います。まず何から着手したらよいだろうかということで、とりあえずは東京首都圏における1時間ごとの雨量観測データ（気象庁アメダス観測値）をもとに、時間雨量が一定の基準を超えた回数を地点別に集計してみようということになりました。

用いたデータは１９８０年から１９９９年までの20年間で、首都圏（東京、千葉、埼玉、神奈川、茨城）の54地点の気象庁アメダス観測所のデータから、１時間20ミリ以上の降雨があった事例をすべてぬき出し、その中で明らかに台風や前線の影響で降った事例を除いて地点別に集計してみました。１時間雨量が20ミリというのは第1章でも触れたように、予報用語では「強い雨」、人の受けるイメージでも「どしゃ降り」に相当します（**表1・1参照**）。

図 5-3　統計解析から求められた都市型豪雨パターン

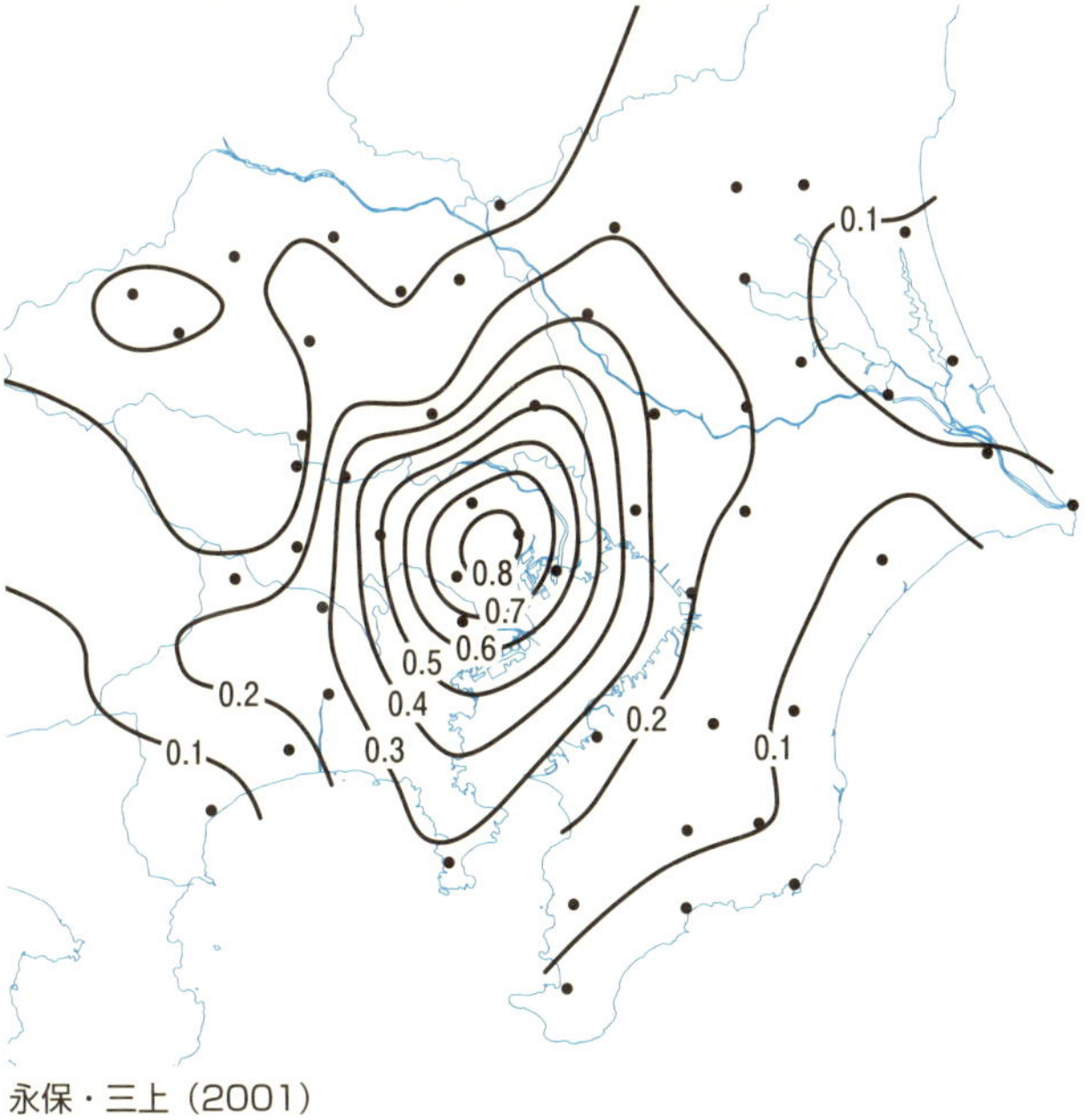

永保・三上（2001）

上位150例についてみると、東京23区の西側に位置する世田谷で58回、練馬が53回であるのに対して、都心の東京（大手町）では40回、湾岸の新木場（江東区）では41回と発生回数が少ないことがわかりました。確かに、前年の1999年に発生した豪雨の中心も練馬でした。しかし、首都圏全体では西部の山沿い地域や千葉県の房総丘陵地帯での発生回数が都内よりも多くなっています。したがって、この結果からだけでは都市部に豪雨が発生しやすいとはいえません。

そこで思いついたのが、統計的多変量解析*の一つである主成分分析*の適用でした。この手法の気象データへの適用は、すでに1960年代から欧米の研究者によって試みられており、筆者も1975年に発表した学術論文で日本の夏季気温分布の変動を解析する際に適用した実績がありました。さっそく永保敏伸君に話をして首都圏の雨量データに主成分分析をかけてみました。

詳細は省きますが、1980年から2000年までの過去21年間に広域首都圏のどこかで1時間20ミリ以上の強雨が降ったときの全データを主成分分析した結果、東京都内に中心を持つパターンが第2主成分として抽出されたのです（**図5・3**）。興味深いことに、第2主成分を除く上位4番目までの主成分パターンは、房総丘陵や関東山地など、斜面地形による空気塊の強制的な上昇で説明がつく降雨パターンに対応し

＊主成分分析
多変量解析の一つで、相関関係のある多数の変量を小数の無相関な要因に要約する手法。気象学の分野では、ある期間における多数の観測地点のデータの複雑な時間変動を小数の要因（主成分）に要約して解釈するときに使われる。

＊多変量解析
互いに関係のある多数の変量のデータが持つ特性を、少ない数の要因で説明するための統計的手法で、因子分析、主成分分析、クラスター分析、重回帰分析、数量化理論などがあり、自然科学、社会科学の広い分野で使われている。

■図 5-4　第２主成分出現傾向

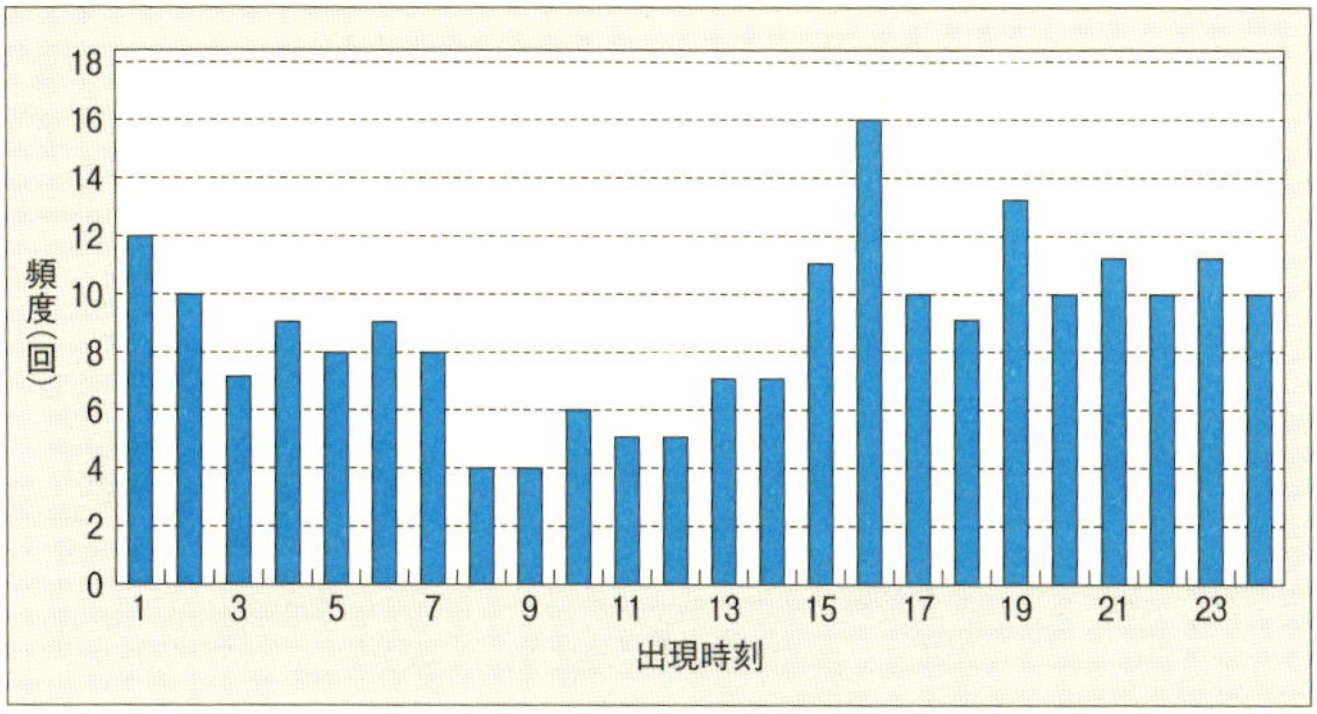

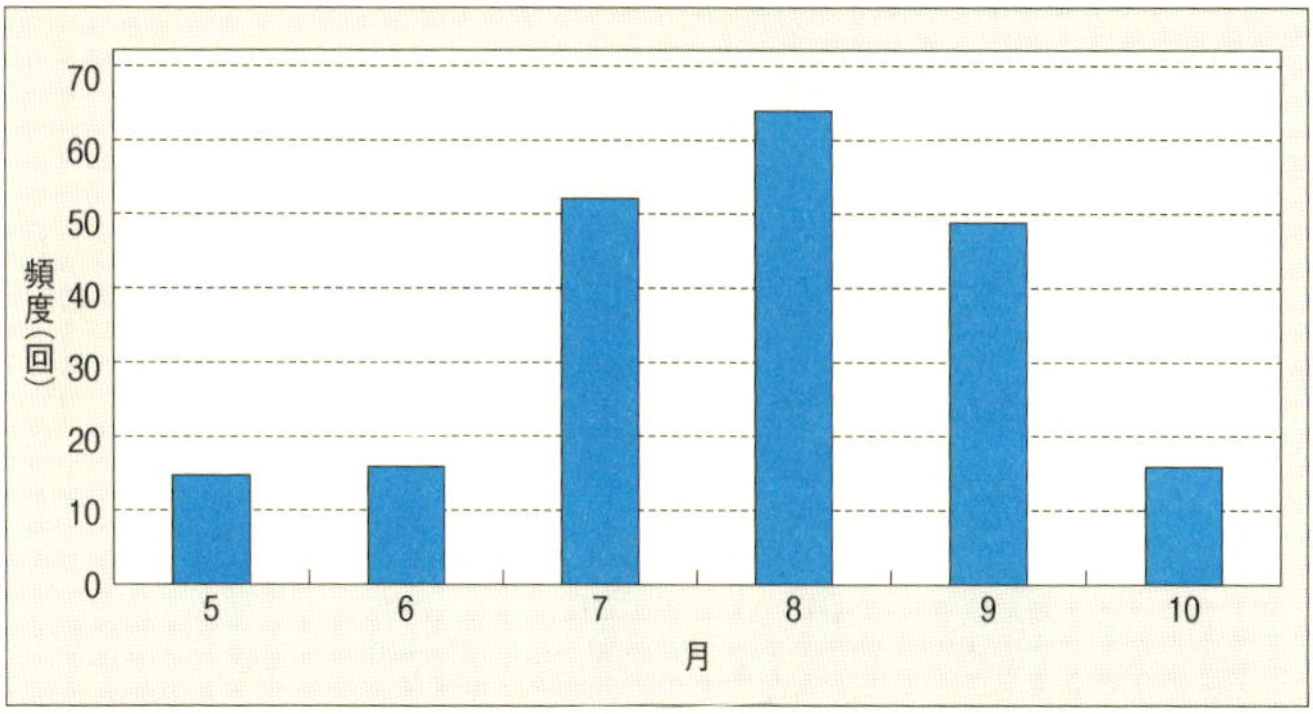

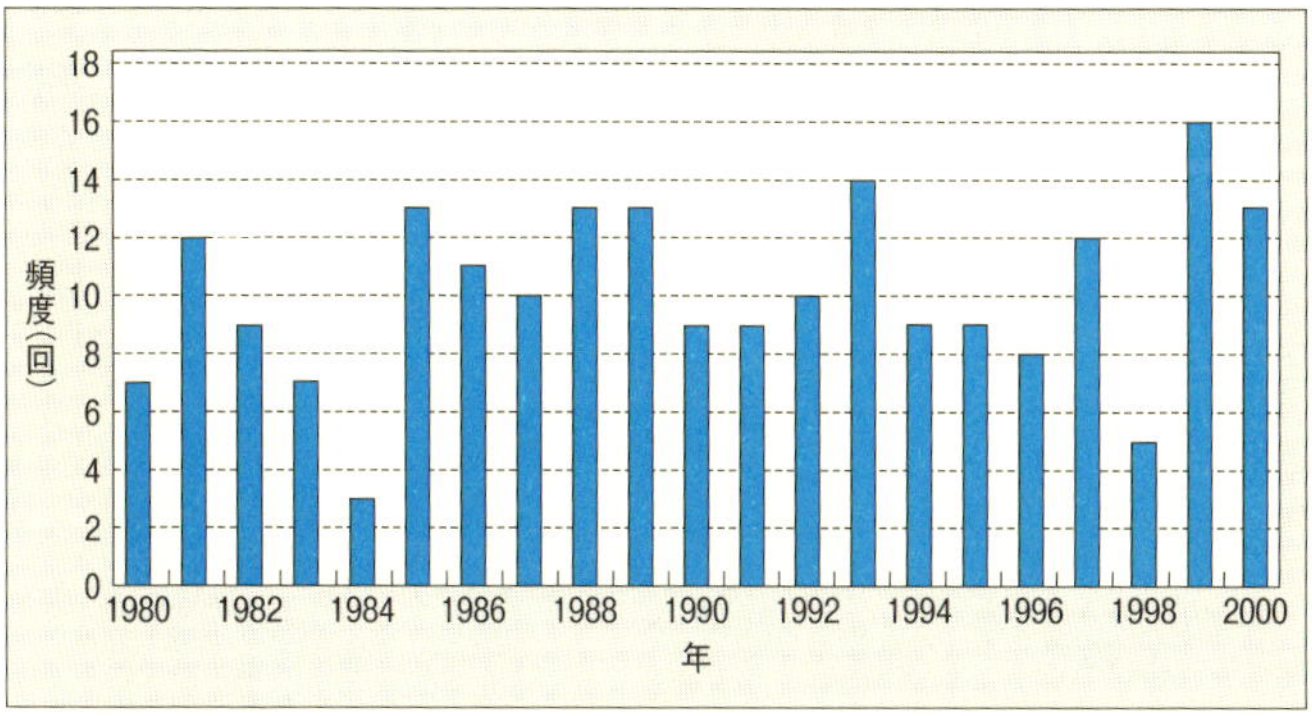

永保・三上（2001）

ています。ところが、第2主成分だけは、東京湾に面した都心部に強雨の中心があって、しかも山岳による上昇気流の発生しにくいエリアに極大をもつ特徴的な降雨パターンになっています。そこで、仮に第2主成分を都市型成分と呼ぶことにします。

この都市型成分の時間変化から強雨の発生頻度を求めてみました（**図5・4**）。まず、1日の変化をみると、午後3時以降から夜半までに発生することが多いことがわかります。次に、発生回数の年変化パターンに注目すると、7月から9月までの3カ月に大半が起こっていることがわかりました。さらに、1980年以降の発生回数の年々変動に関しては、特に一方的に増加しているといった傾向は読み取れません。

「練馬豪雨」発生のメカニズム

東京首都圏で発生した短時間強雨（都市型豪雨）の事例をもとに、豪雨発生のメカニズムを探ってみましょう。

図5・5は、第1章で紹介した「練馬豪雨」ですが、1999年7月21日午後3時～4時の1時間降水量分布を示したものです。用いたデータは、気象庁アメダス観測記録ですが、東京都内の練馬観測点で1時間91ミリに達する強雨が記録されています。このとき、東京都の雨量計（練馬）では1時間最大雨量131ミリを記録しています。興味深いのは、都内でも他の観測点では全く降水がないという点で、降水が練馬付近に集中して発生していることがわかります。

翌日の新聞記事（朝日新聞）によると、この日関東地方は猛暑から一転して厚い雷雲に覆われ、練馬区などが記録

■図5-5　1999年7月21日の練馬豪雨の降水量（15時～16時）

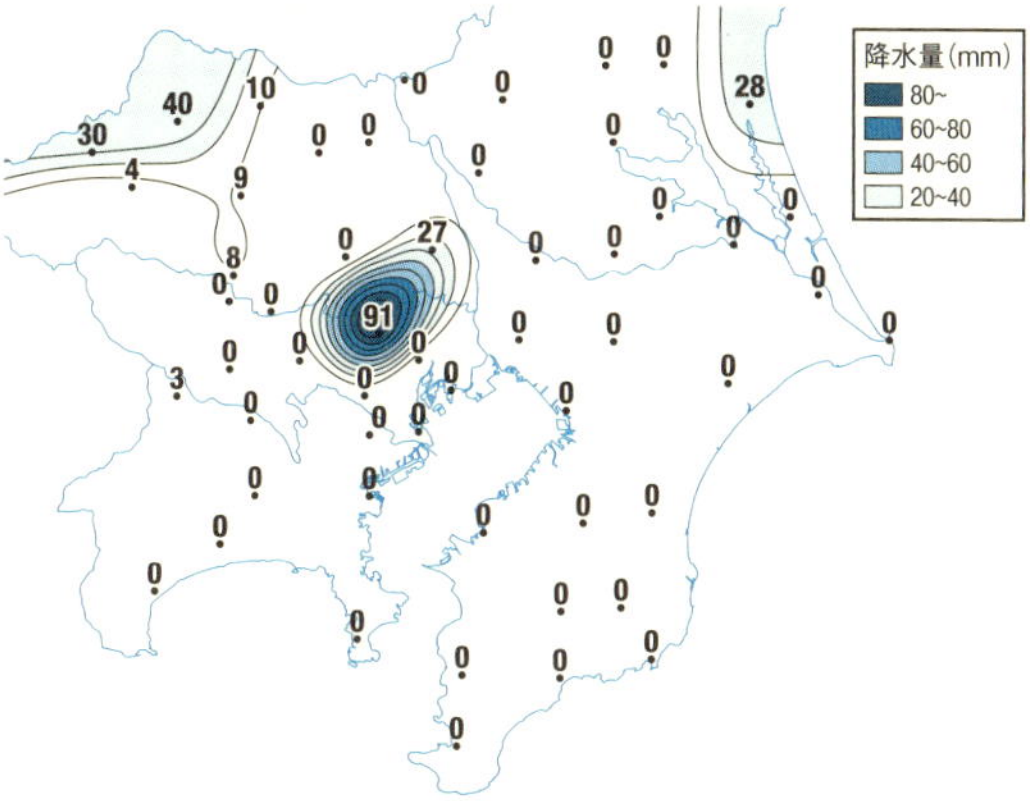

■図 5-6　1999 年 7 月 21 日の練馬豪雨の 1 時間ごとの気温と風向・風速

(a) 12 時

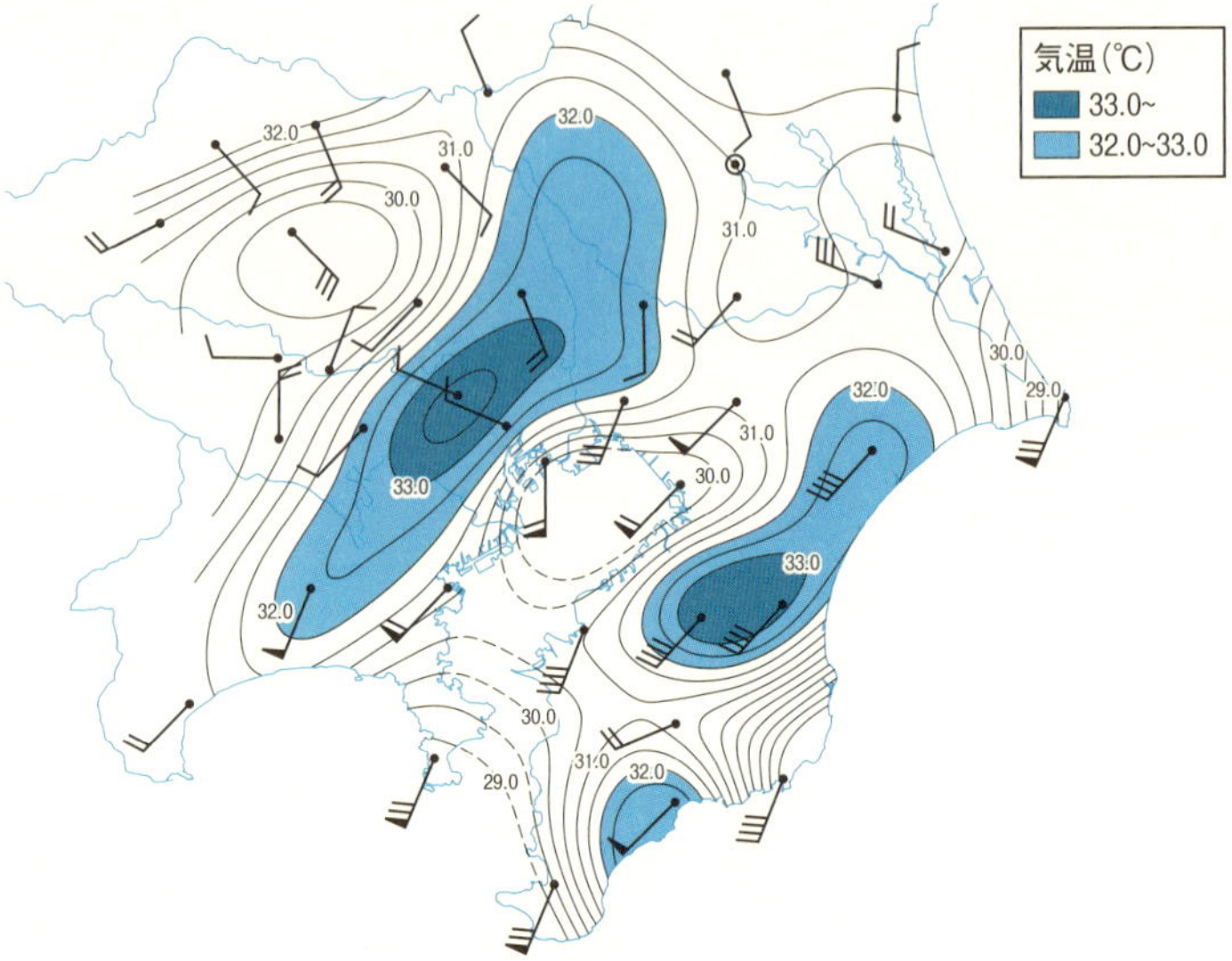

(b) 13 時

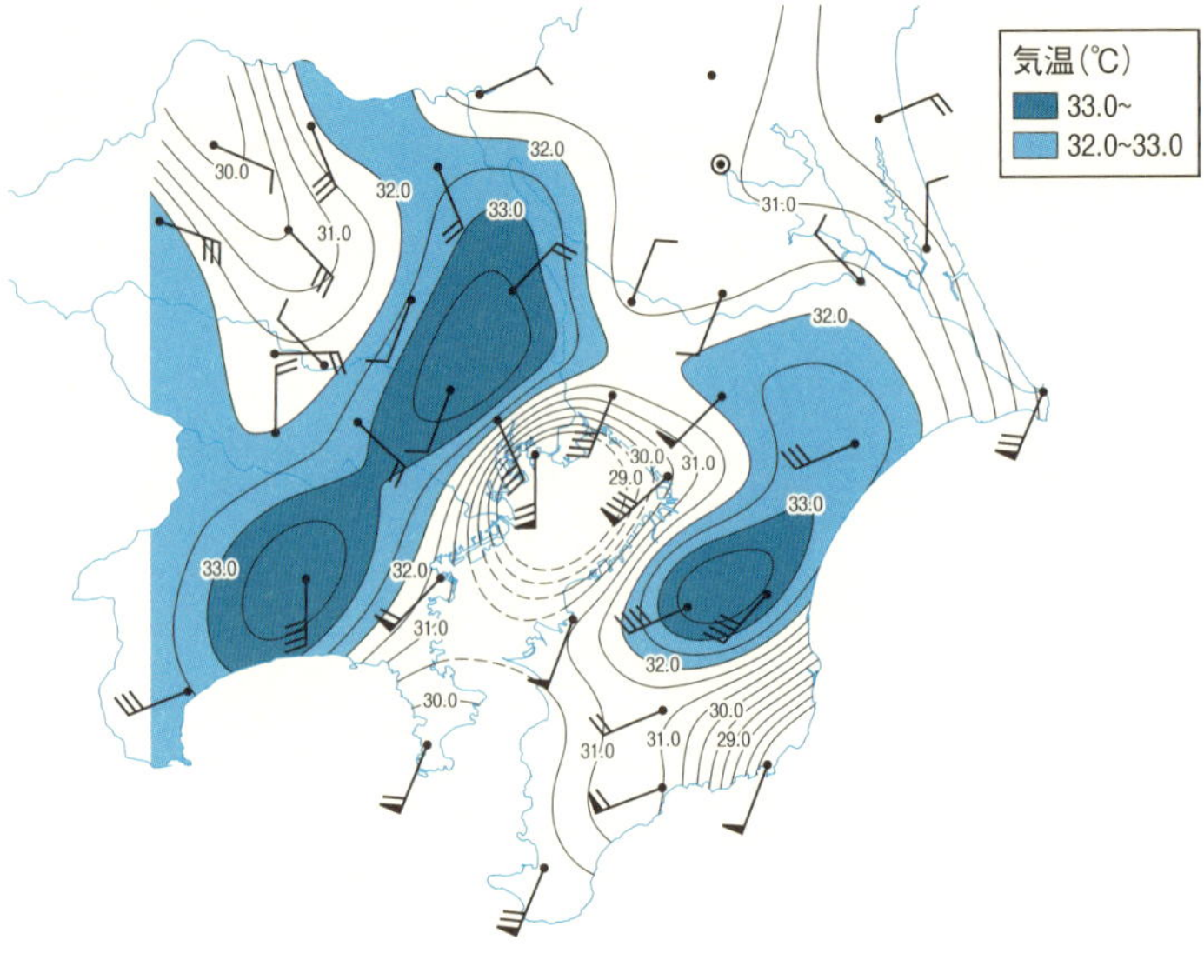

的な大雨となり、新宿区では浸水したビルの地下で男性が溺れて死亡したり、都内各所で落雷があったとのことです。

そこで、この日の気温と風の状況を、正午から午後4時まで1時間ごとに示したのが**図5・6（a）〜（e）**です（気象庁アメダスによる）。気温は0・5℃間隔の等温線、風向・風速は矢羽（1本の線が1メートル／秒、三角旗型は5メートル／秒）で表示してあります。以下に、1999年7月21日の1時間ごとの気温・風の特徴を述べます。

①　7月21日12時（**図5・6（a）**）

まず特徴的なこととして、東京練馬付近に33・5℃という高温域があり、この付近がヒートアイランドの中心になっていることが挙げられます。一方、東京湾岸部は30℃で6メートル／秒

（c）14時

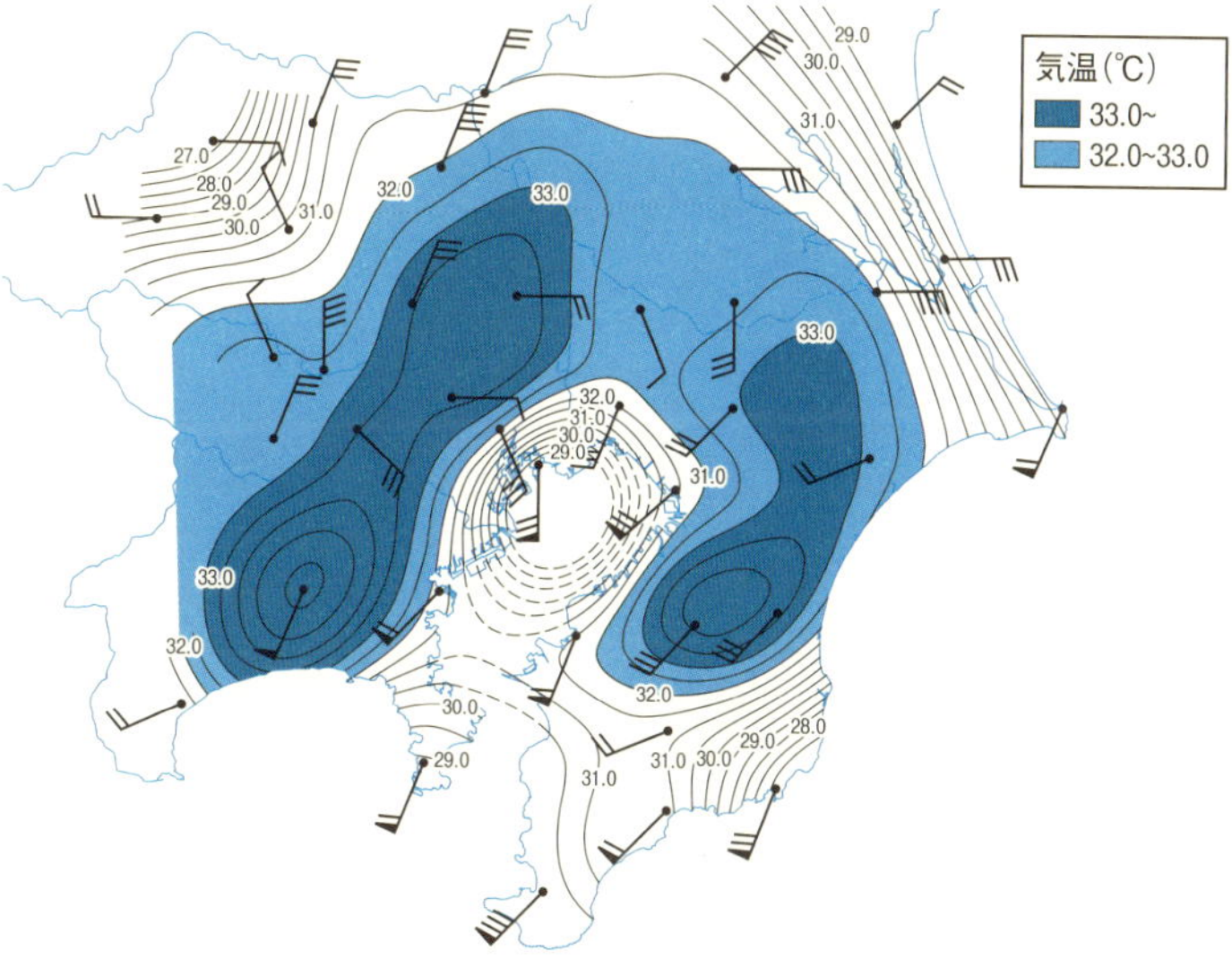

の南よりの海風が吹き込んでいます。練馬付近では西よりの風が吹いていて、湾岸付近で収束しています。

② 7月21日13時（図5・6（b））

東京湾からの海風はさらに強まり、新木場の気温は29℃に低下する一方、練馬付近では33・5℃で変化していません。このため、内陸部と湾岸部の気温差が拡大しています。練馬付近では、風向きが南寄りに変わっています。

③ 7月21日14時（図5・6（c））

都内の豪雨発生の約1時間半前の状況を示していますが、練馬付近ではほぼ同じ気温を維持しており、東京湾から吹き込む海風が練馬付近まで侵入していることが読みとれます。相模湾方面から吹き込む海風も明瞭に認められます。さらに、鹿島灘方面から北東の海風が吹き込むようになり、

（d）15時

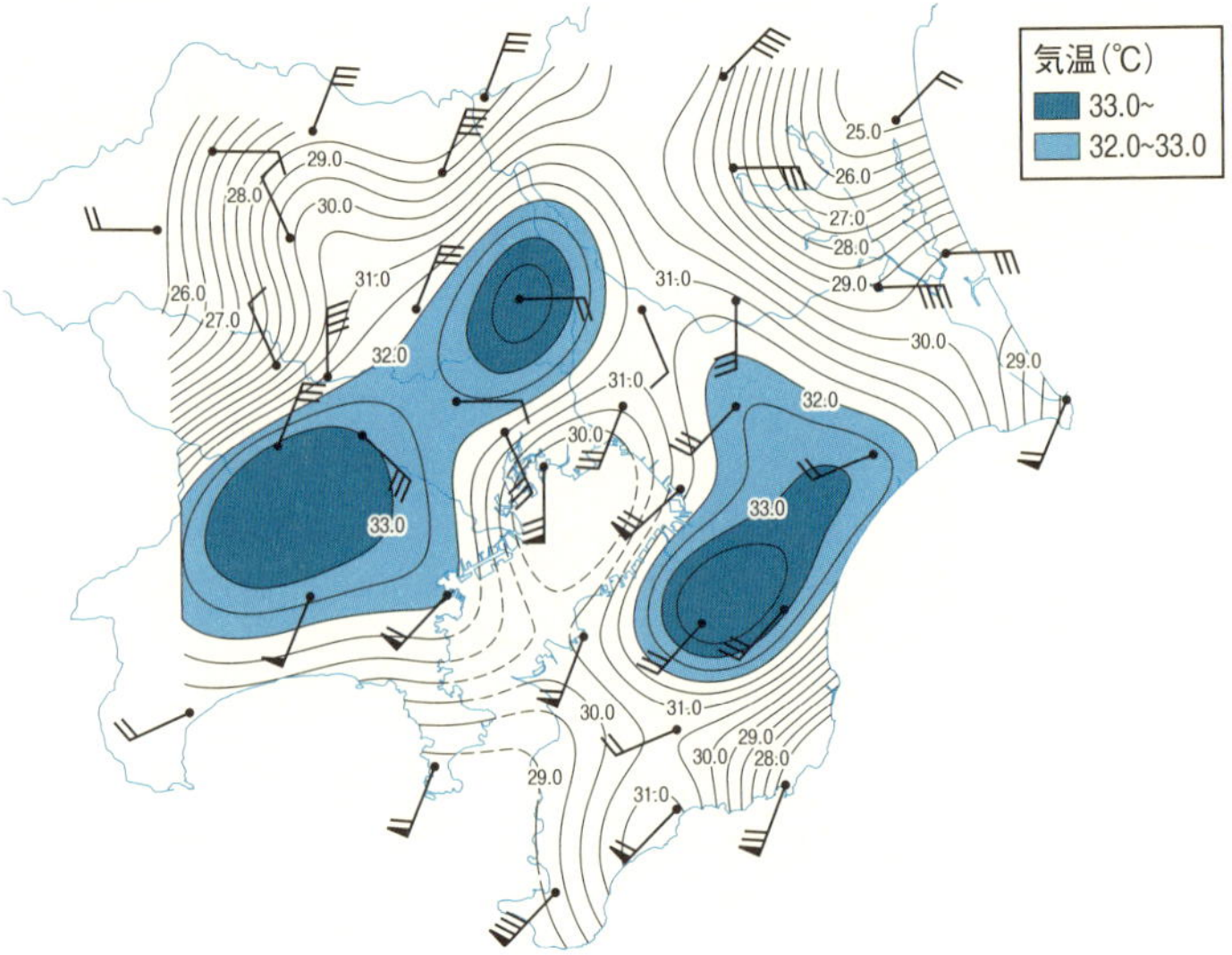

これら3つの海風が練馬付近で収束し、上昇流が強められたと考えられます。

④　7月21日15時（図5・6（d））

豪雨発生30分前になると、鹿島灘方面の気温低下が著しく、25℃以下の領域が出現しています。内陸部との温度差によって海風が強化されたと考えられます。埼玉県南部から練馬を経て神奈川県北部に至る広域のヒートアイランドが維持されており、3方向の海風による収束も継続しています。こうした状況で、15時〜16時頃に局地的に1時間100ミリを超える豪雨がもたらされたのです。

⑤　7月21日16時（図5・6（e））

この時点ではすでに豪雨が発生しており、練馬付近では気温24℃とヒートアイランドは解消されています。したがって、上昇流も弱まり降

（e）16時

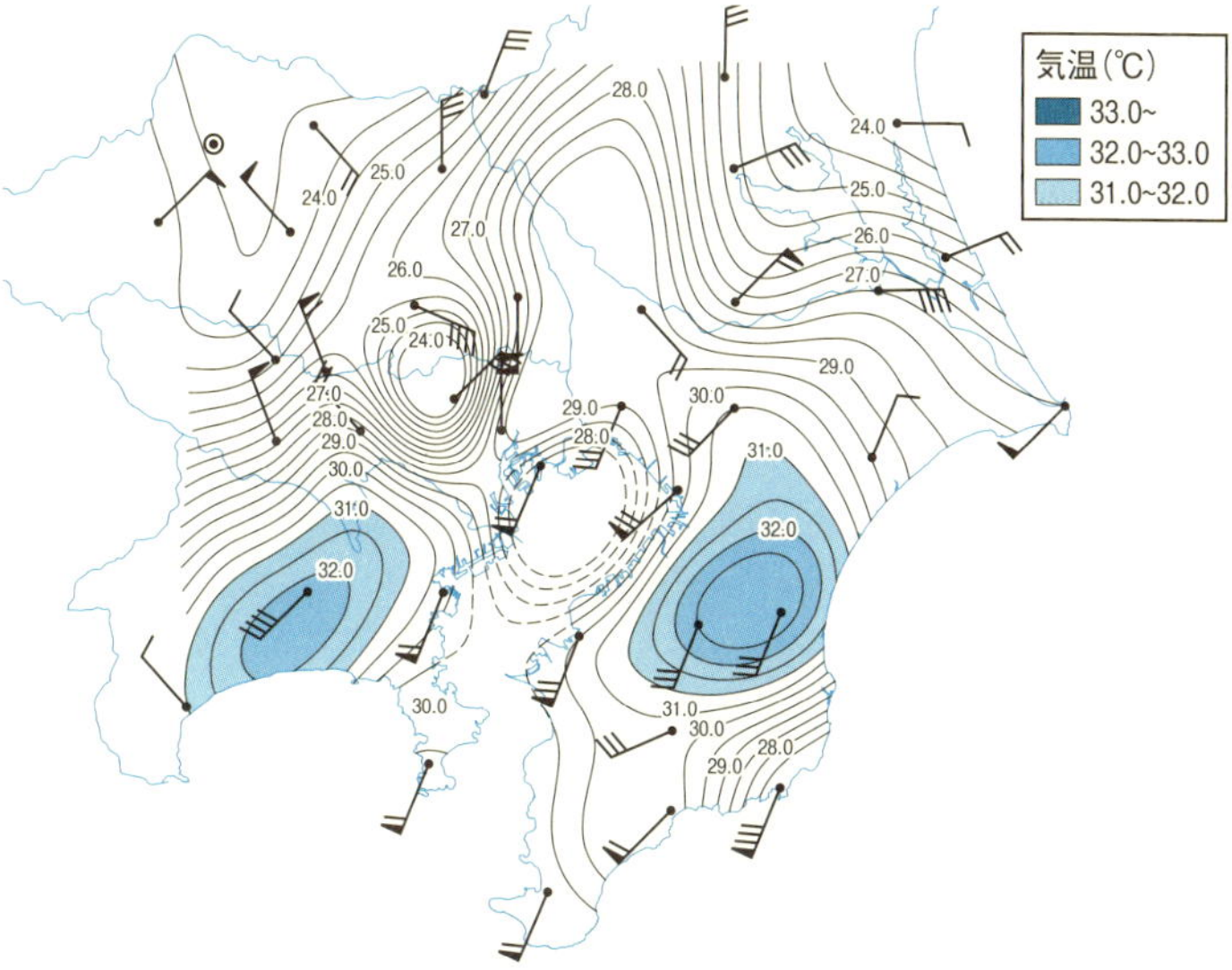

水が終了しています。

このことからも明らかなように、都市型豪雨の特徴は、前線や台風による豪雨とは異なり、強雨の時間的空間的スケールが小さい点にあります。降雨域が非常に狭く、しかも短時間に大雨を降らせる点で、従来型の豪雨とは異なっているのです。

ヒートアイランド＋海風の収束が豪雨を呼ぶ

以上の事例解析から、東京区部に中心をもつ集中豪雨の発生前に、ヒートアイランドの形成や3方向からの海風の収束が重要な役割を果たしていることがわかります。

それでは、都市型豪雨がおこるときはいつも同じような風の収束があったり、ヒートアイランドの効果が関係しているのでしょうか。

■図 5-7　降雨開始 1 時間前の気温（℃）と風（ベクトル平均）の状況（過去 20 年間の都市型豪雨 15 例の平均値に基づく）

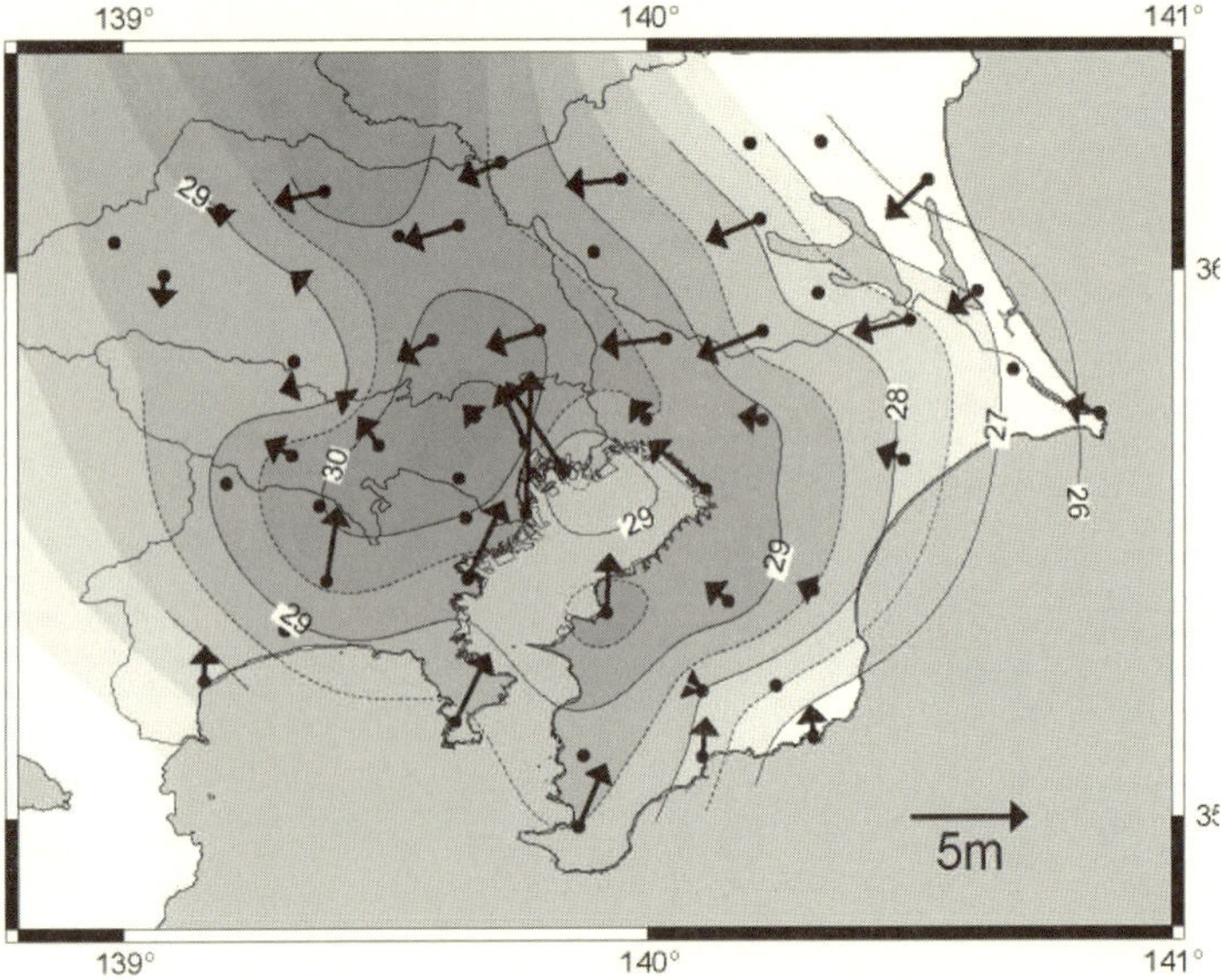

そこで、1980年以降の20年間について、東京都内に雨域の中心を持つ典型的な都市型豪雨15例について、豪雨の降り出す1時間前の気温分布と風の状況を合成平均図に表現してみました（**図5・7**）。風はベクトル表示してありますので、風速が強いほど矢印の長さが長くなっています。豪雨の降り出す時間はまちまちですが、降り出す1時間前の状況は、「練馬豪雨」のケースと非常によく似ていることがわかります。東京都区部の北西エリアの気温がもっとも高くなっていますが、これは前に説明したように昼間の東京湾方面からの海風による移流効果で、高温域が風下に移動したためです。

風の状況をみると、この高温域に向かって周辺から流れ込んでいるように見えます。とくに、東京湾から吹き込む南東の海風、相模湾から吹

■図5-8　練馬付近で収束する海風

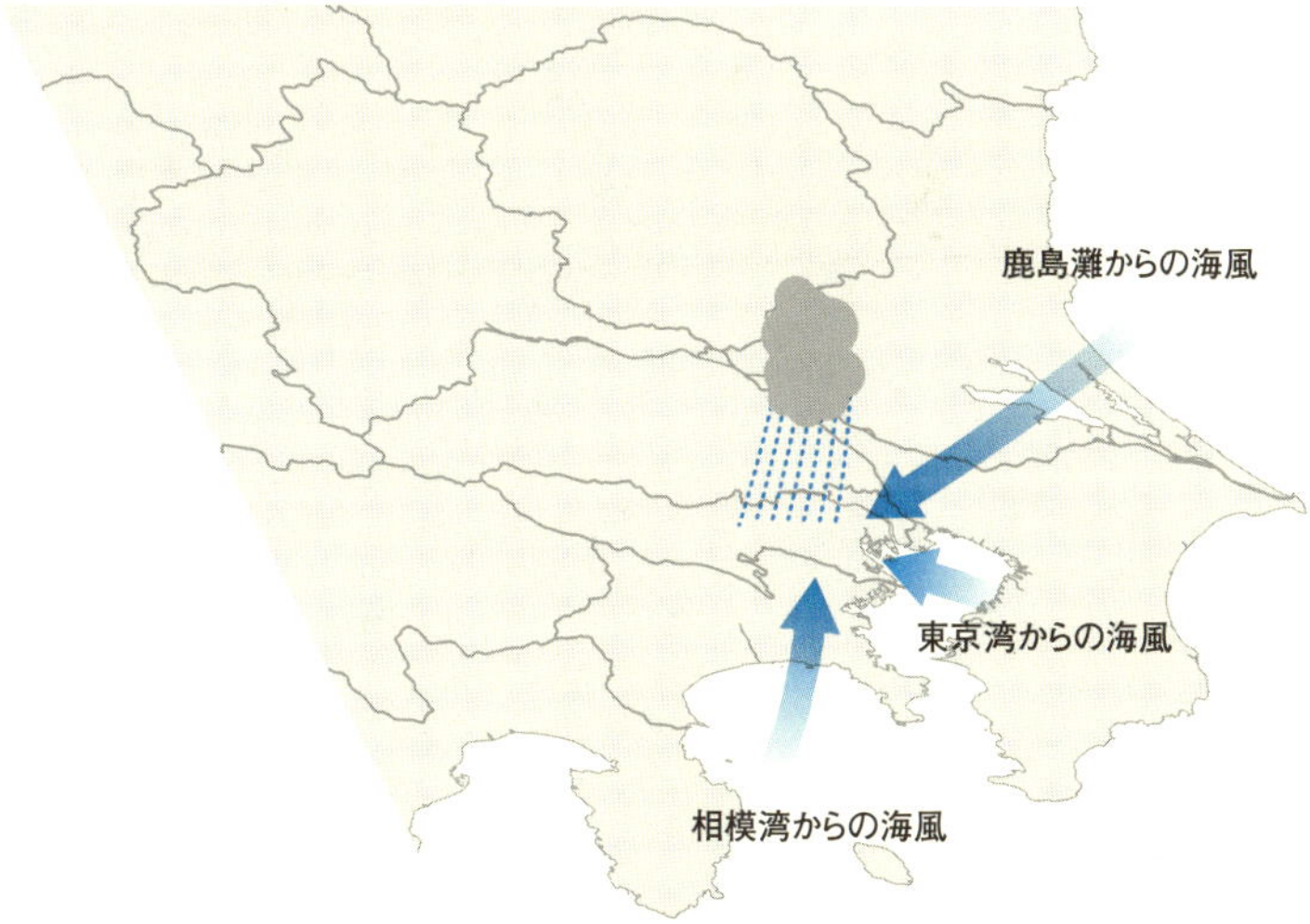

鹿島灘方面と東京湾、相模湾からの３方からの海風が練馬付近で収束し、上昇気流の形成に影響を与えていると思われる。

く南よりの海風、そして茨城県の鹿島灘方面からの海風を含む北東風といった3方向からの風がヒートアイランドの高温域に向かって収束し、上昇気流を強めていることがわかります。

図5・8は、これまで述べたことをもとに、都市型豪雨の発生メカニズムのイメージを図として表現したものです。わかりやすくするために、モデル的に表現してありますが、実際には3方向の海風の収束だけで積乱雲が発生して豪雨が降るわけではありません。背景としては、前線が東北地方から関東北部にあって北からの寒気が流れ込みやすく、一方日本の南海上には台風や熱帯低気圧があって南からの湿った空気が流入しやすいこと、そのため大気が非常に不安定な状況にあるといったことが挙げられます。

5-4
なぜ東京に夏の豪雨が集中するのか？

上昇気流を強める高層ビル群

局地的な都市型豪雨が、東京の場合、なぜ練馬や杉並といった都区の北西に集中するのかといった疑問はまだ十分に解明されていません。豪雨の始まる1時間ほど前に、東京湾や相模湾からの海風に加えて鹿島灘からも海風が流れ込み、3つの湿った海風がぶつかるのが練馬付近だという理由だけですべての都市型豪雨のメカニズムが説明できるわけではありません。

後で述べるように、都市型豪雨の発生頻度は1990年以降になって急増しています。都市部の気温が上昇するヒートアイランドが近年顕著になっていることとも関係がありそうです。もうひとつ思い出してほしいのが、豪雨を降らせる積乱雲の発達に関することです。ヒートアイランドによる地表面の加熱は上昇気流を強める要因にはなりますが、それだけでは強い上昇流を生み出すには不十分です。3方向からの海風の衝突も上昇流を強める働きをするでしょう。ほかにも、都市では上昇流を強める要因があります。

東京都内の上空から地上を見下ろすと、多数のビル群の中に孤立した山のようにそびえる建物群があることに気づきます（**図5・9**）。中でも際だっているのが、新宿西口の高層ビル群です。高さ200～250メートルの建物が林立して、まるで小山のように見えます。このほかにも、都内では東京湾岸部や東京駅周辺に高層ビル群があります。汐留の高層ビル群が東京湾からの海風を弱めて、風下の新橋駅周辺では夏の日中の気温が2℃ほど上昇したと言われています。

高層ビルにぶつかった風は行き場を失い、ビル側壁を迂回したり、ビルの裏側で渦を巻いたりします。いわゆる乱流が発生するのです。また、前に説明しましたが、山地斜面にぶつかった風が強制的に上昇するのと類似の現象で、高層ビル群にぶつかった風は水平的には弱まりますが、その分、上昇する流れを強めることにも

■図 5-9　都内に点在する高層ビル群

なります。（図5・10）

■図 5-10　ビルにぶつかった風が上昇することも

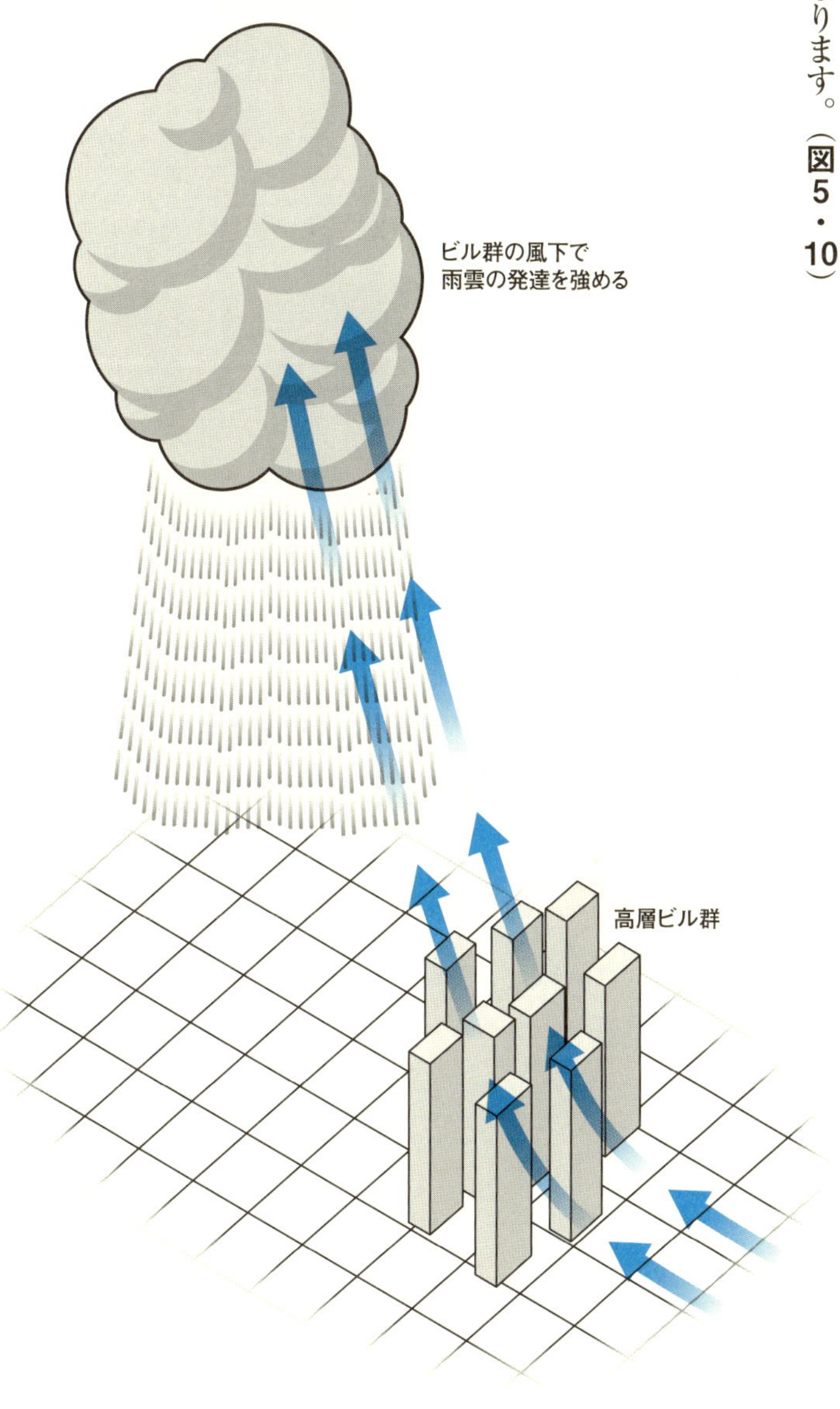

高層建造物の割合増加が後押しか？

都市気候を専門とする高橋日出男氏（首都大学東京）は、東京都内の建物の高さを細かく調べた結果、高層ビル群の風下で強雨の発生頻度が高まっているのではないかと考えたのです。

図5・11（口絵8ページ参照）は東京都内で過去12年間（1991～2002年）にどこかで1時間20ミリ以上の降水が観測された226事例について、その発生頻度（％）の分布を示しています。北西部の練馬区光が丘や板橋区高島平、新宿の西方に位置する中野区、杉並区方面で強雨の発生頻度が高くなっています。

高橋教授は、東京都区部における建物階数の時間的推移にも着目しています（**図5・12**）。1990年以降、4階建て以上の建物の増加割

■図 5-11　都心部で 1 時間あたり 20 ミリ以上の降水量が観測された割合（%）の分布（1991 ～ 2002 年）　高橋日出男（2007）

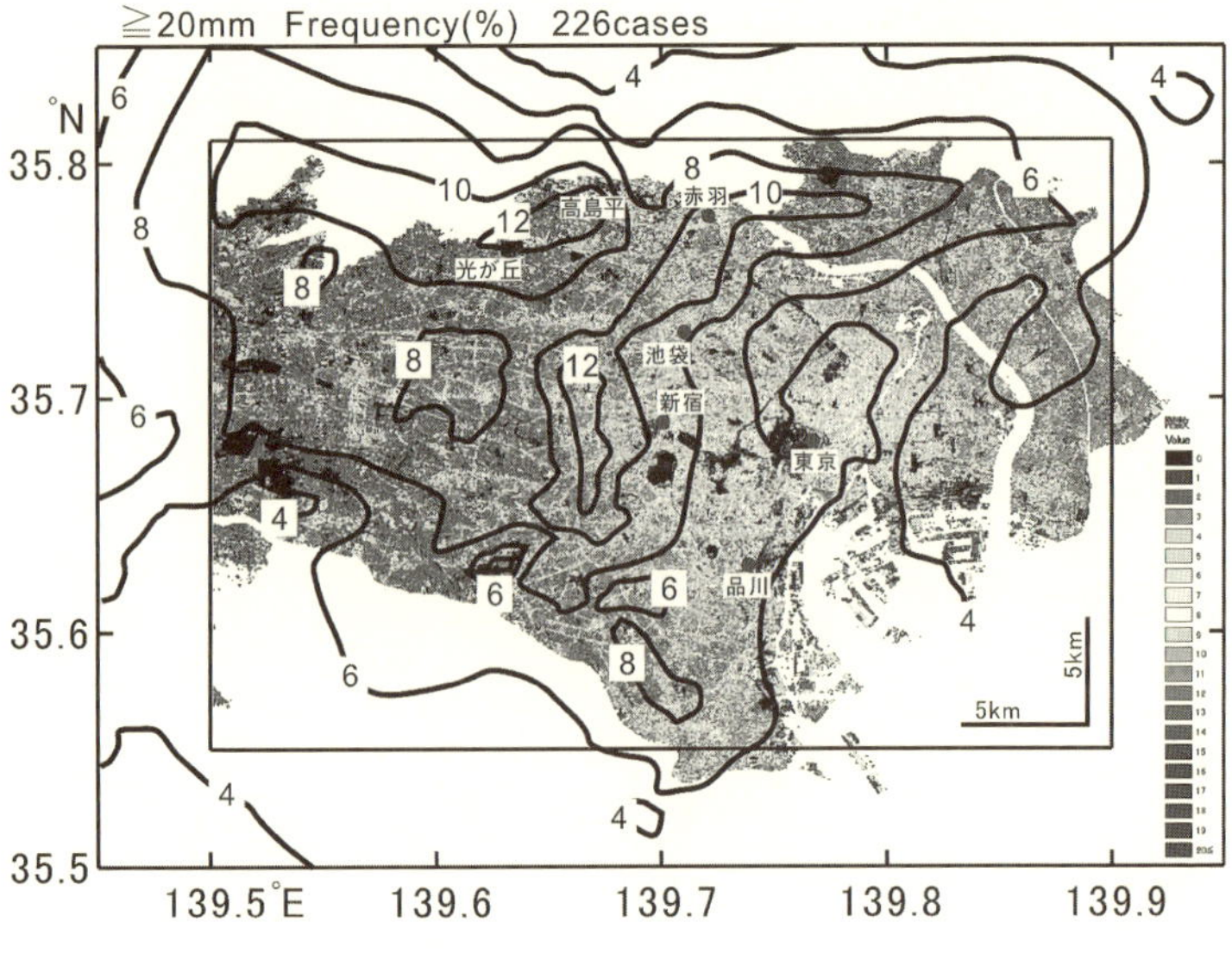

■図 5-12　東京都内の階数別建築物数の推移　　高橋日出男（2007 年）

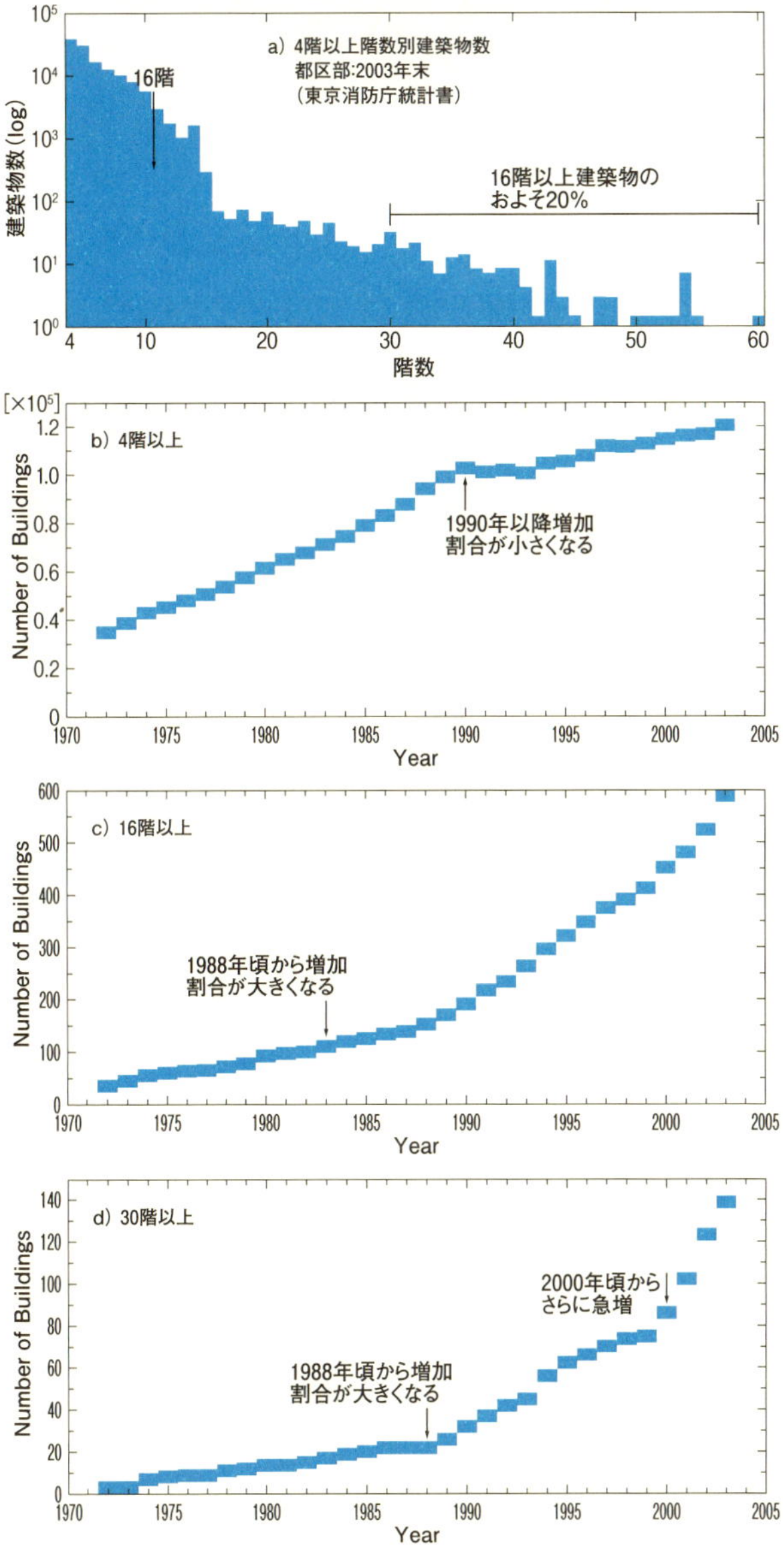

合が小さくなっているのに対して、16階建て（高さ約50ｍ）以上や30階建て（高さ約１００ｍ）以上の高層建造物の増加割合が大きくなっているというのです。１９９０年以降に都市型豪雨が増えていることと何か関係があるのかもしれません。

最初に紹介した東京練馬区や大阪豊中市の事例でもわかるように、都市型豪雨の特徴は、非常に狭い範囲で短時間に強い雨がもたらされるという点にあります。大気が不安定な状態のときに、ヒートアイランドや海風の収束、高層ビル群といった発生要因が引き金となって豪雨になると考えるのが妥当でしょう。

第6章

「温暖化」で豪雨は増えるのか？

6-1
「温暖化」で豪雨は増えるのか？

温暖化による降雨量の変化を予測する

夏の午後、都市部を集中的に襲う豪雨が最近増えているという実感をもたれる方もおられるでしょう。地球温暖化が進むと、都市部だけでなく、台風やハリケーンの強さが増す可能性が指摘されています。これまでの国内外の研究調査に基づいて、豪雨発生の近未来予測をしてみましょう。

東京の雨の降り方の変化

100年ほど前に較べて雨の降り方は変わってきたのでしょうか。ここでは、東京（大手町）の降水量観測データで雨の長期変化について検証してみましょう。**図6・1（a）**は東京の毎年の降水量を折れ線グラフで示したものです。青い太線は、11年移動平均をとって、変化傾向を滑らかに表示してあります。これをみると、東京の年降水量は1950年代までは1600ミリ前後で年ごとの変動も大きかったのが、1960年代から1980年代にかけて平均1400ミリ程度まで低下し、その後は徐々に増える傾向にあることがわかります。

■図 6-1　東京・大手町の降水量変化（過去 100 年）

青い線は 11 年移動平均

(a)　年間の降水量変化

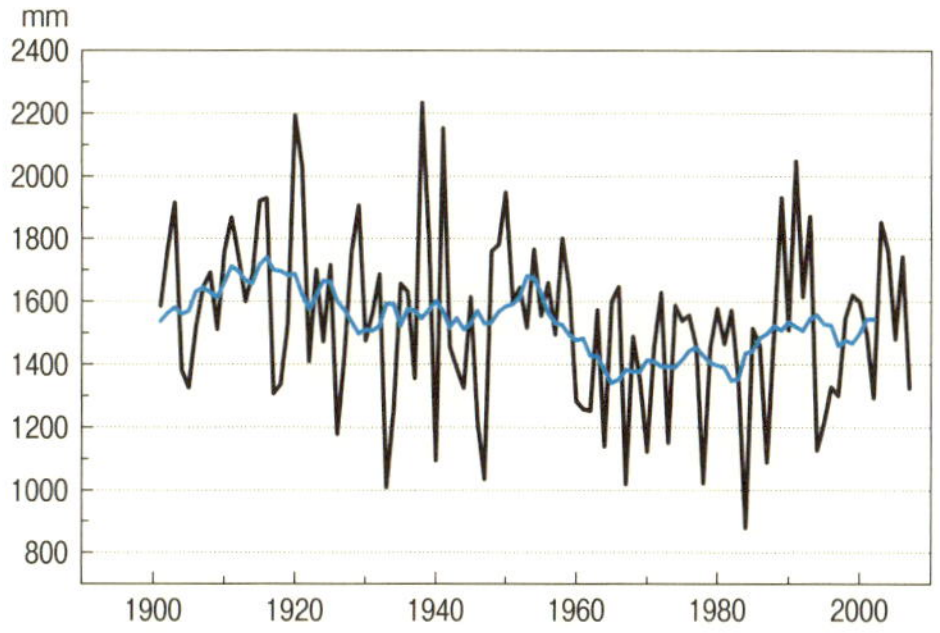

(b)　夏 (6 月～ 9 月) の降水量変化

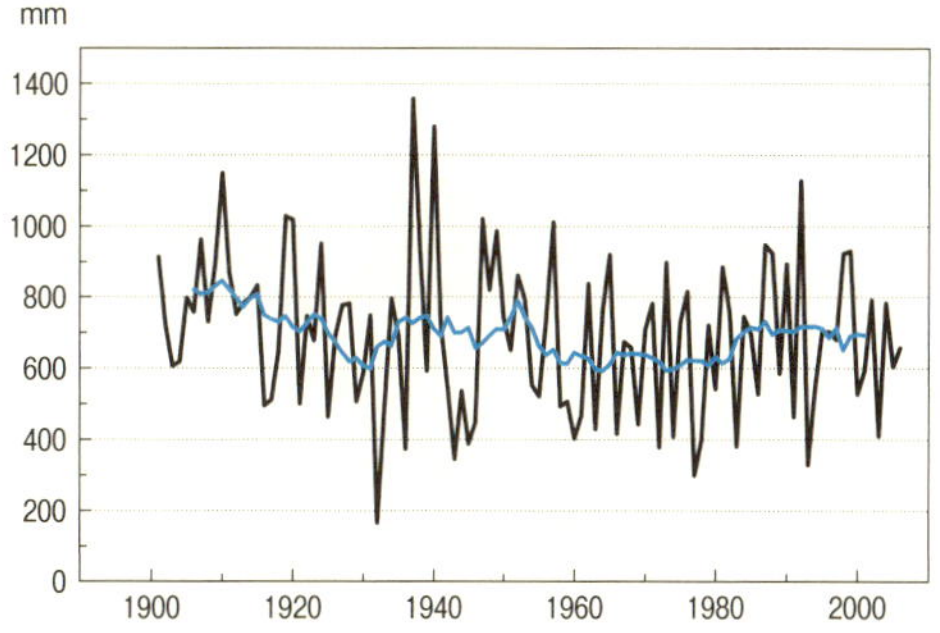

(c)　夏 (6 月～ 9 月) の降水量が 50 ミリを超えた日数

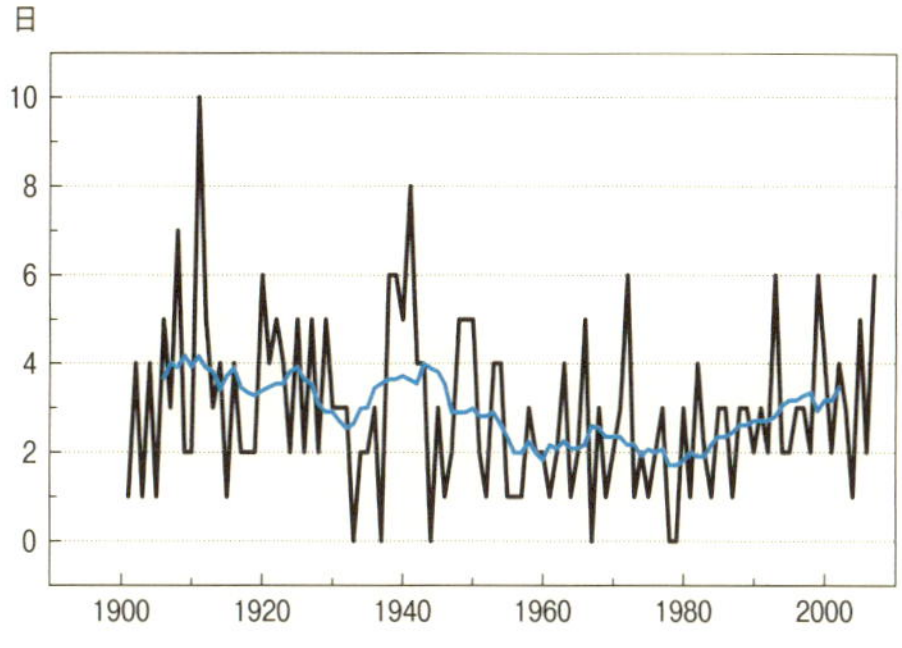

図6・1（b）は6月から9月までの夏4カ月間の降水量変化を示していますが、年降水量とほぼ似たような傾向になっています。やはり、1960年代に較べると1990年以降は平均100ミリ程度増えています。

そこで、今度は、1日の降水量が50ミリを超える大雨の日数について調べてみましょう。**図6・1（c）**は、同じく6月から9月の夏4カ月間について日降水量が50ミリ以上の回数を毎年カウントしてグラフに表示してあります。1940年代までは一夏で3～4日間は発生していた大雨が、1960年代から1980年代までは平均2日間程度に減少し、その後最近にかけては2日から6日程度まで増える傾向を示しています。

高橋日出男氏（首都大学東京教授）は、東京とその周辺における夏季（6～9月）の日降水量について、5段階の階級別にその長期変化傾向を調べた結果、1910・1920年代や1940年代、1990年代には、1日に70・5ミリ以上の大雨の頻度は多いが、0・5～13ミリの小雨の頻度は少ない傾向にあることを明らかにしました。やはり、最近は東京の雨の降り方が強くなっているといえるでしょう。

6-2
「温暖化」で豪雨は増えるのか？

国内100年の長期的雨量変化

気象庁気象研究所の藤部文昭氏らの研究グループが、日本全国の降水量観測データを用いて1901年以降104年間の大雨の長期変化傾向について詳しい分析を行っています。全国51点の気象観測所のデータから、1日100ミリ以上の大雨の日数や年間最大降水量、上位100位までの雨量を記録した日数などについて104年間の長期的変化傾向を調べた結果、西日本を中心にいずれも増加傾向にあることが明らかになったのです。同時に、1日の雨量が1ミリ未満の無降水日も増加傾向を示していました。

IPCC*の報告書では、日本だけでなく、世界的にも二〇世紀以降に大雨が増える傾向にあることが指摘されています。将来、地球温暖化が進めば、さらに大雨や豪雨は増えるのでしょうか。

二一世紀末の雨の降り方を予想する

東京大学気候システム研究センターと国立環境研究所の研究グループでは、大型コ

＊ IPCC
Intergovernmental Panel on Climate Change の略称で、「気候変動に関する政府間パネル」と訳されている。地球温暖化問題をはじめとする気候変動やその影響、対策などについて、世界中の研究者や専門家が集まって討議した結果を5年ごとに報告書にまとめている。

ンピュータを用いたシミュレーションで、地球温暖化が進行した場合の日本付近の雨の降り方の変化を予測しています。研究グループが開発した高精度の気候モデルに適切な初期値と境界条件を与えて計算すると、二一世紀末（２０７１～２１００年）の予測値が求まり、それを二〇世紀末（１９７１～２０００年）の数値と比較することで増加や減少の傾向が明らかになるというわけです。シミュレーションの結果を要約すると次のようになります。

日本列島の平均年降水量は、二〇世紀末に較べて二一世紀末には14％増加し、年ごとの変動幅も16％大きくなるという結果が出ています。また、雨の降り方も温暖化で変化しそうです。二〇世紀末に較べて二一世紀末には、日降水量50ミリ以上の大雨日が増えると同時に、雨の降らない日も増えると予測されます。その一方で、日降水量が1～20ミリの普通の雨の日数は減りそうです。つまり、降るときは大雨になり、降らないときは全く降らないといった極端な雨の降り方になりそうです。こうした傾向は、すでに述べたように二〇世紀の降水傾向にも認められています。

6-3
「温暖化」で豪雨は増えるのか？

都市部の集中豪雨は増加傾向

ここ30年では増えている都市の豪雨

ところで、1時間に50ミリを超すような都市部の集中豪雨は増えているのでしょうか。第1章で紹介した練馬豪雨や杉並豪雨は、雷雨を伴って1時間に50ミリから100ミリを超すような激しい降り方をする点に特徴があります。そこで、気象庁のアメダス観測所が設置された1976年以降、都内5カ所の観測所のどこかで1時間雨量が50ミリを超えた事例を調べたところ、9回ありました（**表6・1**）。地点別に見ると、練馬が7回でもっとも多く、次いで大手町の5回でした。残りの地点は、それぞれ1回しか50ミリを超す雨量は記録していません。第1章で紹介した練馬豪雨（1999年7月21日）は練馬だけが、また2005年9月4日の杉並豪雨では練馬と大手町だけが時間50ミリ以上で局地的な豪雨だったことがわかります。

次に、1976年から2005年までの30年間を10年ごとに区切って時間50ミリ以上の発生回数を集計してみると、**表6・2**に示すように、最初の10年間（1976～

1985年）では1回、次の10年間（1986～1995年）では3回、最近の10年間（1996～2005年）では5回というように増加傾向にあることがわかります。

ただし、1975年以前の観測データがないので、この増加傾向が長期的なものなのか、最近30年間だけにみられるものなのかは不明ですが、前章で述べた都市の温暖化と関連づけて見る限り、今後さらに増加する可能性は否定しにくいでしょう。

■表6-1　東京都内の都市型豪雨の例

	練馬	世田谷	大手町	新木場	羽田
1981/07/22	71		81		73
1987/07/25	51				
1989/08/01	56		53		
1989/08/10		56			
1999/07/21	91				
1999/08/24	64		56		
2000/07/04			78	85	
2001/07/18	53				
2005/09/04	51		66		
回数	7回	1回	5回	1回	1回

1976年以降、都区内アメダスのどこかで50mm/h以上の降水があった日の各地点の時間降水量。50mm/h未満の場合は空欄に。台風や前線による豪雨は除いている。

■表6-2　東京都内の豪雨の回数

年	回数
1976-1985	1回
1986-1995	3回
1996-2005	5回

1976年以降、10年ごとに都区内アメダスのどこかで50mm/h以上の降水があった回数

6-4
「温暖化」で豪雨は増えるのか？

ハリケーンや台風による豪雨

強い雨が継続的に降る

都市型豪雨では、局所的に1時間に50ミリから100ミリといった短時間に強い雨を降らせますが、せいぜい2～3時間程度しか長続きしないために、総降水量が数百ミリを超えることはまれです。一方、台風やハリケーン、サイクロンなどの発達した熱帯低気圧による降雨は、数日にわたって降雨が継続するため、1時間降水量としてはそれほど大きくなくても、総降水量は数百ミリ以上になり、広範囲に洪水被害を及ぼすことになります。さらに、強風を伴うことが多く、家屋の倒壊など暴風被害を招くことも多々あります。

2005年8月末にアメリカ合衆国南東部を直撃したハリケーン「カトリーナ」は、上陸時の気圧が920ヘクトパスカルと猛烈な強さで、死者行方不明者1800人とアメリカ災害史上でも例を見ない大きさでした。

一方、東南アジアでもベンガル湾で発生したサイクロン「ナルギス」が、2008

年5月2日、ミャンマーに上陸し、沿岸低地帯では大洪水のため死者行方不明者13万人を超す大災害となったのです。このときの総雨量は場所によっては600ミリを超える大雨となりましたが、サイクロンの上陸前から降り出した雨が300ミリに達していたことがわかりました。これは、日米が共同で打ち上げた熱帯降雨観測衛星（TRMM）が捉えたもので、地上気象観測網の不備な地域における雨量観測に大いに役立っています（**図6・2**）。

熱帯低気圧の強さの尺度

それでは、このような強いハリケーンやサイクロンの発生頻度は近年増えているのでしょうか。そして、地球温暖化が進行する将来は、発生数や強さは変化するのでしょうか。将来予測をする前に、台風やハリケーンに関する基礎的事項を復習しておきたいと思います。

■図6-2　サイクロン「ナルギス」の進路と総雨量

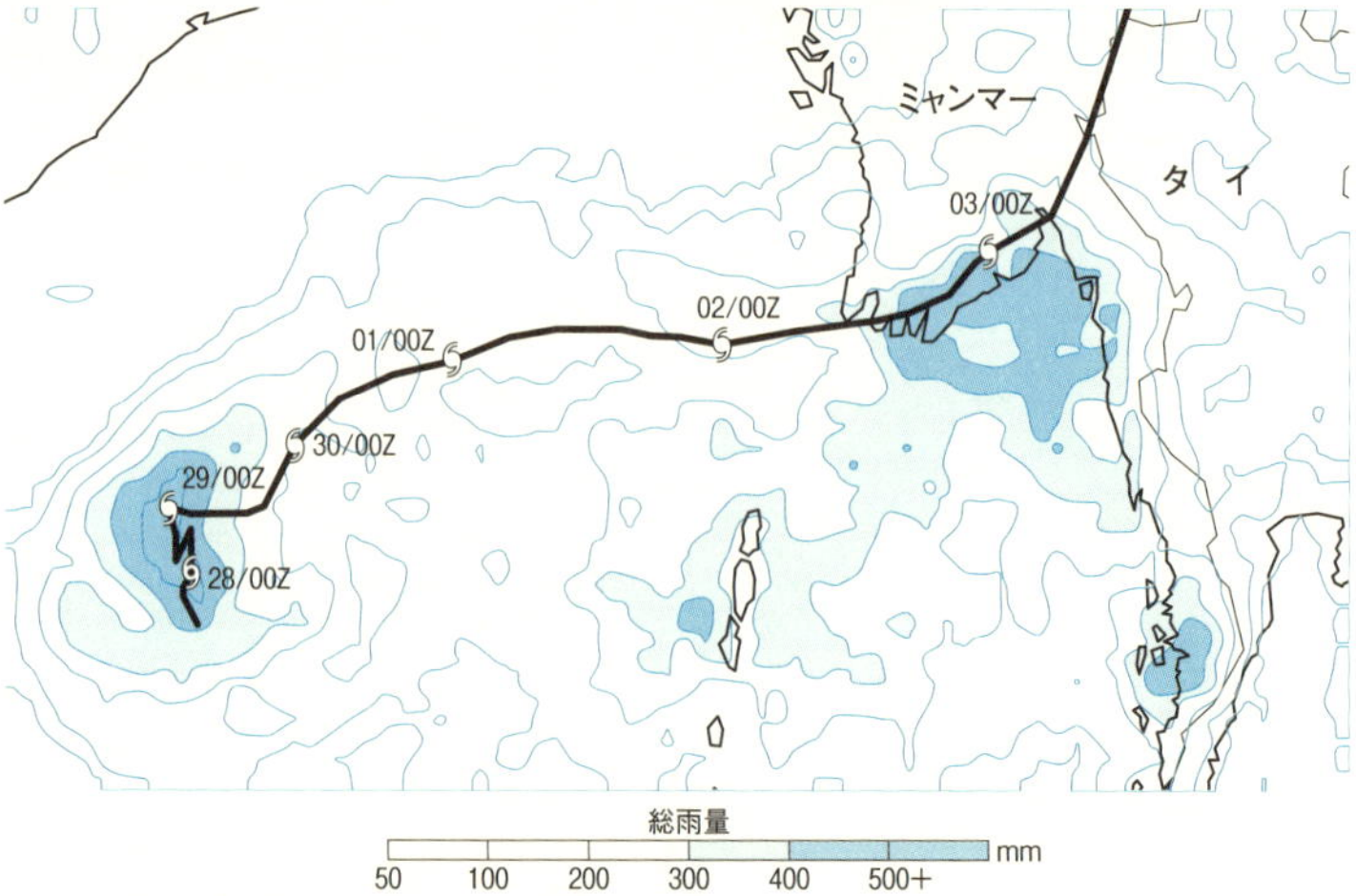

GEWEX NEWS vol.18 No.2（2008.5）

台風もハリケーンもサイクロンも、名称は異なりますが「熱帯低気圧」が発達したものであり、構造は基本的に同じです。日本国内では、最大風速（10分平均）が34ノット（毎秒17メートル）を超えた熱帯低気圧を「台風」と呼び、それより風速が弱い場合を単に「熱帯低気圧」と呼んでいます。さらに、台風の中でも、最大風速（10分平均）が64ノット（毎秒33メートル）～84ノット（毎秒43メートル）のものを「強い台風」、85ノット（毎秒44メートル）～104ノット（毎秒53メートル）のものを「非常に強い台風」、そして105ノット（毎秒54メートル）以上のものを「猛烈な台風」という階級分けをしています。

一方、アメリカでは、シンプソン・スケールを用いてハリケーンの強さをカテゴリー1からカテゴリー5までの5段階で分類しています（**表6・3**）。一見、アメリカの基準の方が最大風速でみると大きいように見えますが、ハリケーンの場合は1分平均の最大風速で強さを分けていることも影響しています。サイクロンやタイフーン（台風の英語名称）の強さの分類基準も基本的にハリケーンと同じシンプソン・スケールで表現されます。シンプソン・スケールでいうと、前出のハリケーン「カトリーナ」は上陸時にカテゴリー5を、またサイクロン「ナルギス」も最強時にはカテゴリー4を記録しています。日本の基準で

表6-3　ハリケーンの強さによる分類

分類	最大風速（ノット）	最大風速（m/s）
カテゴリー1	64 - 82	33 - 42
カテゴリー2	83 - 95	43 - 49
カテゴリー3	96 - 113	50 - 58
カテゴリー4	114 - 135	59 - 69
カテゴリー5	136 以上	70 以上

サファ・シンプソン・ハリケーン・スケールによる
風速は1分間の最大値

言えば、「猛烈な台風」に相当する強さであったと考えられます。

狩野川台風による大雨の被害

ところで、台風には「雨台風」と「風台風」があるのをご存じでしょうか。台風の怖さは強風だけではありません。本書のテーマである豪雨や大雨は、しばしば台風によってももたらされ、時に大きな災害を引き起こします。ここでは、典型的な雨台風として歴史的に知られる「狩野川台風」を例に、台風による豪雨がもたらした大災害をふり返ってみましょう。

１９５８年9月21日、グアム島付近で発生した熱帯低気圧は台風22号となって西に進み、その後進路を北に変えて24日午後1時半には中心気圧８７７ヘクトパスカルの大型で猛烈な台風に発達しましたが、その後急速に勢力が衰えたために強風による被害はそれほど大きくありませんでした。26日の昼頃に潮岬の南東約２００キロメートルを通過したときには、中心気圧も９４０ヘクトパスカルに衰弱し、26日夜10時頃に伊豆半島南端をかすめて関東地方に上陸し、翌朝6時には三陸沖に抜けたのでした。この台風の影響で25日の昼頃から雨が降り出し、26日の昼頃からは雨脚がさらに強まり、特に伊豆地方では台風が最も接近した午後9時頃から深夜にかけて1時間50ミリ以上の豪雨となり、湯ヶ島では午後9時から10時までの1時間に120ミリという猛烈な豪雨となったのです。東京でも、9月26日は1日の降水量が371・9ミリを記録し、降り始めからの総雨量は天城山の北側では局地的に700ミリを超え、湯ヶ島では748・6ミリに達しました。

台風による大雨で伊豆半島の中央部を流れる狩野川が氾濫し、流域では土石流が発生し、天城山の山崩れも加わり山沿いの集落は壊滅状態になりました。東京を中心とする関東南部でも大規模な水害が発生し、浸水被害は東部の下町低地だけでなく、台地上の山の手地区にも広がったのです。狩野川台風による被害は近畿から北海道まで及び、死者行方不明1269名、住家の全・半壊・流出1万6743戸、住家の床上・床下浸水52万1715戸、耕地の流出被害89ヘクタール余という大きな爪痕を残しました。

ハリケーンや台風は温暖化で強まるのか？

ところで、地球温暖化がすすむと、台風やハリケーンなどの熱帯低気圧の活動は強まるのでしょうか。２００４年は、日本でも上陸した台風が年間で10個を数え、平年（２・６個）を大きく上回りました。しかし、この年の台風の年間発生数は29個で、平年の２６・７個よりやや多い程度でした。上陸数も、２００５年から２００７年までは年間２～３個でほぼ平年並みに戻っています。

ハリケーンは強くなってきている

ハリケーン・カトリーナがアメリカ合衆国南東部を襲った２００５年に、２人のアメリカ人研究者による興味深い論文がイギリスの科学誌『ネイチャー』誌とアメリカの科学誌『サイエンス』誌に載りました。マサチューセッツ工科大学のケリー・エマニュエル博士は、「過去30年間における熱帯低気圧の増大する破壊力」という短い論文の中で、熱帯低気圧の指標としてＰＤＩ（勢力消散指数）を定義し、１９３０年以降の熱帯低気圧のデータベースを用いて長期的なＰＤＩの変動を調べた結果、

1975年以降に明瞭な上昇傾向が認められただけでなく、海面水温の上昇傾向とも連動して変化していることを明らかにしました（**図6・3**）。

一方、ほぼ同じ頃にジョージア工科大学のウェブスター博士らの研究成果がサイエンス誌に発表されました。論文では、温暖化すると熱帯低気圧の発生数や寿命、強さが変化するかどうかを1975年以降35年間のハリケーンなど世界各地の熱帯低気圧について詳しいデータ分析をしました。その結果、世界全体ではハリケーンや熱帯低気圧の数は35年間変動していないが、地域別にみると1990年以降、ハリケーンに代表される北大西洋の熱帯低気圧は増加傾向にあり、その他の海域の熱帯低気圧はいずれも減少傾向にあることがわかったのです。さらに、ハリケーンの強さによる変動傾向の違いを調べてみると、カテゴリー1の比較的弱いハリケーンの数が減っているのに対して、カテゴリー4と5

図6-3　北大西洋でのPDIと海面水温の関係　Emanuel（2005）

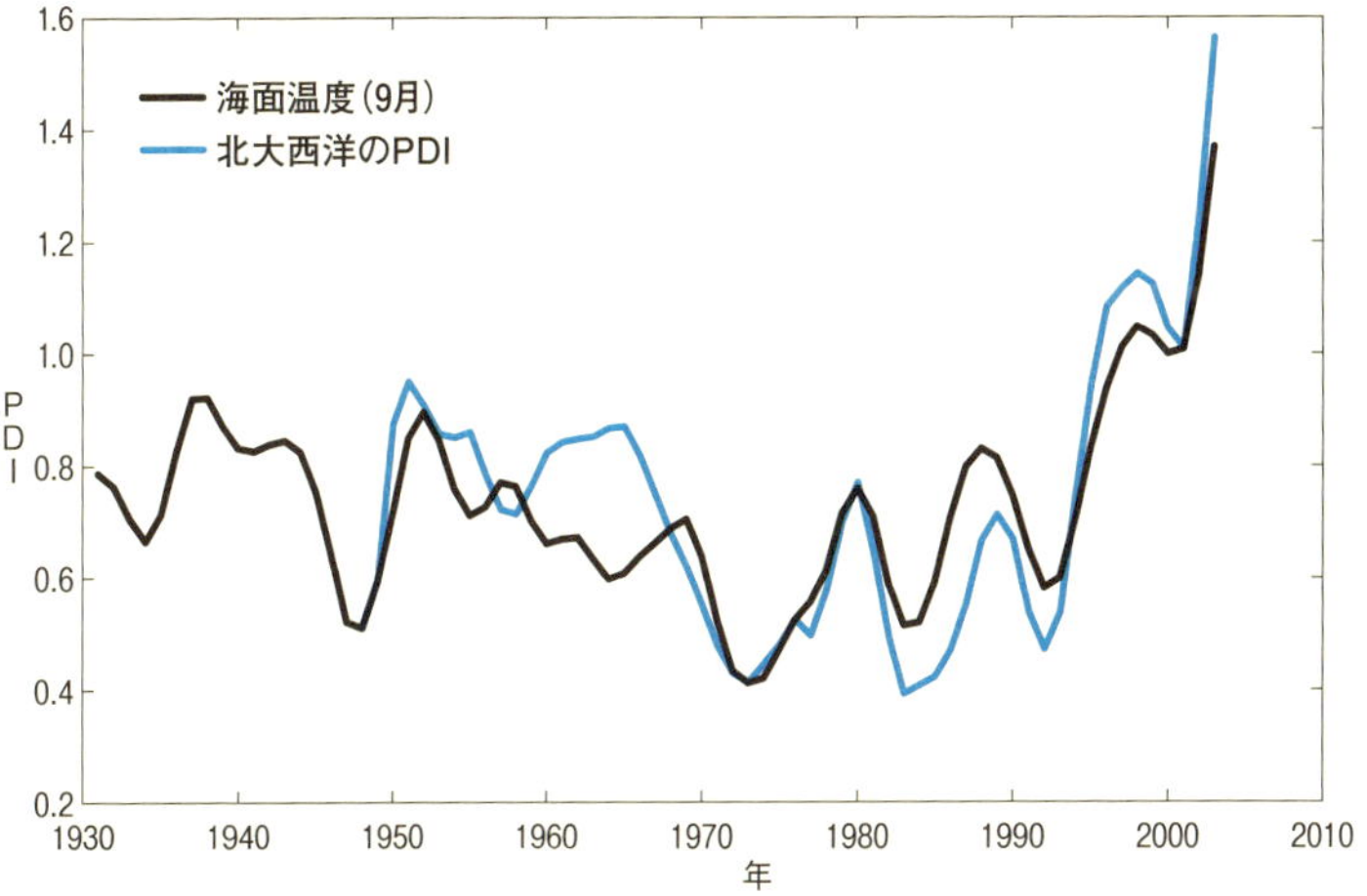

を合わせた数は1970年以降に顕著な増加傾向を示すことが明らかになりました（**図6・4**）。

つまり、熱帯低気圧の数には長期的な傾向は認められないが、その勢力は明らかに強まっているというのです。しかし、こうした研究結果に対しては、近年の衛星による観測技術の進歩で従来は捉えられなかった熱帯低気圧の情報が得られるようになったことも影響しているのではないかという疑問も提示されています。

西部太平洋域での台風活動に関して、気象庁の研究グループは1977年以降、年々の変動は大きいものの、シンプソン・スケールでカテゴリー2以上の強い台風が西部太平洋ではやや増加傾向にあると指摘しています（**図6・5**）。

また、気象研究所の研究グループは、解像度の高い気象モデルを用いて温室効果ガスの増加による地球温暖化気候での熱帯低気圧活動の将来予測を試みています。そ

■図 6-4　強さ別で見るハリケーンの発生率　Websterほか（2005）

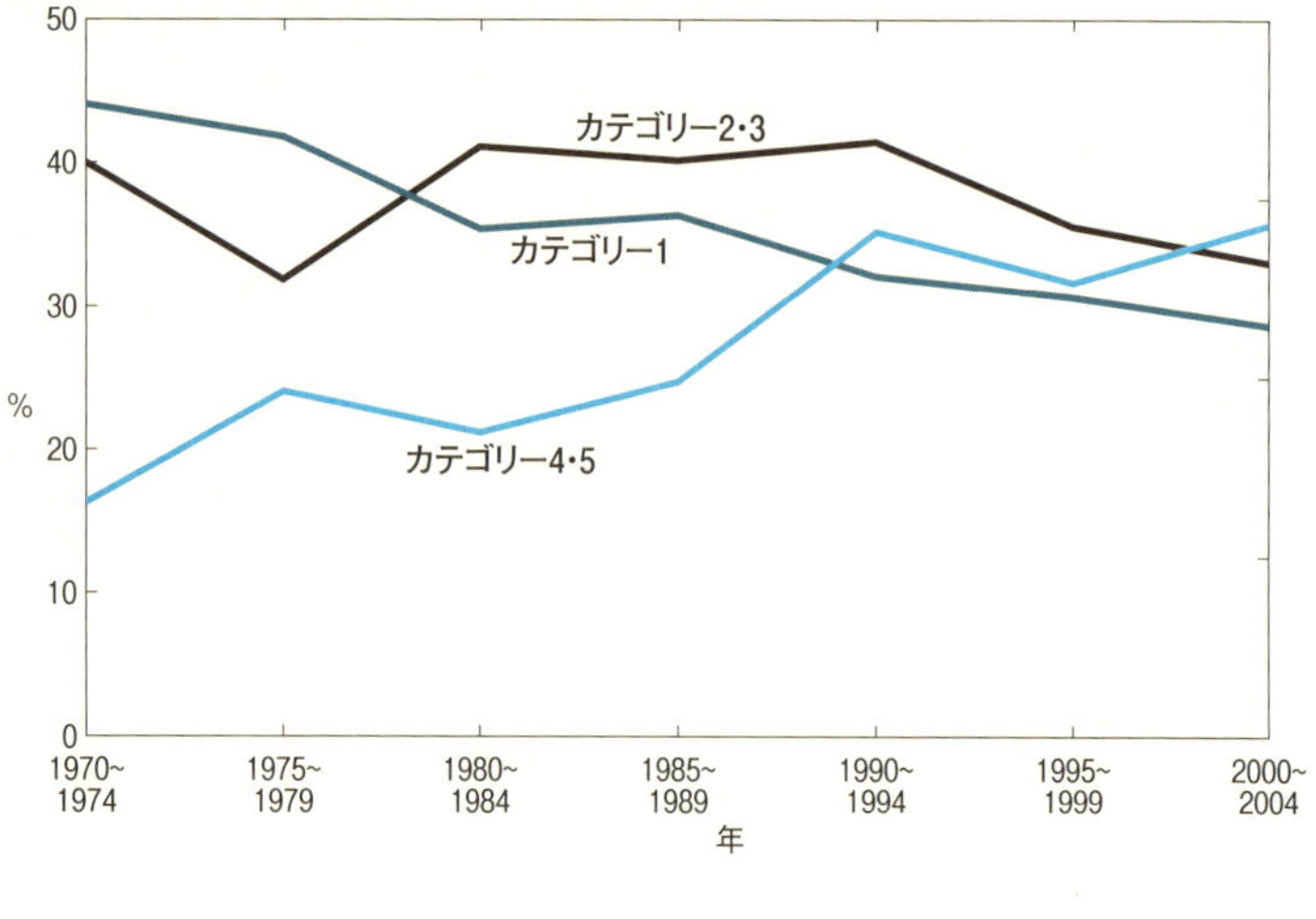

■図6-5　西部太平洋での強い台風の発生日数

Kamahori ほか（2006）

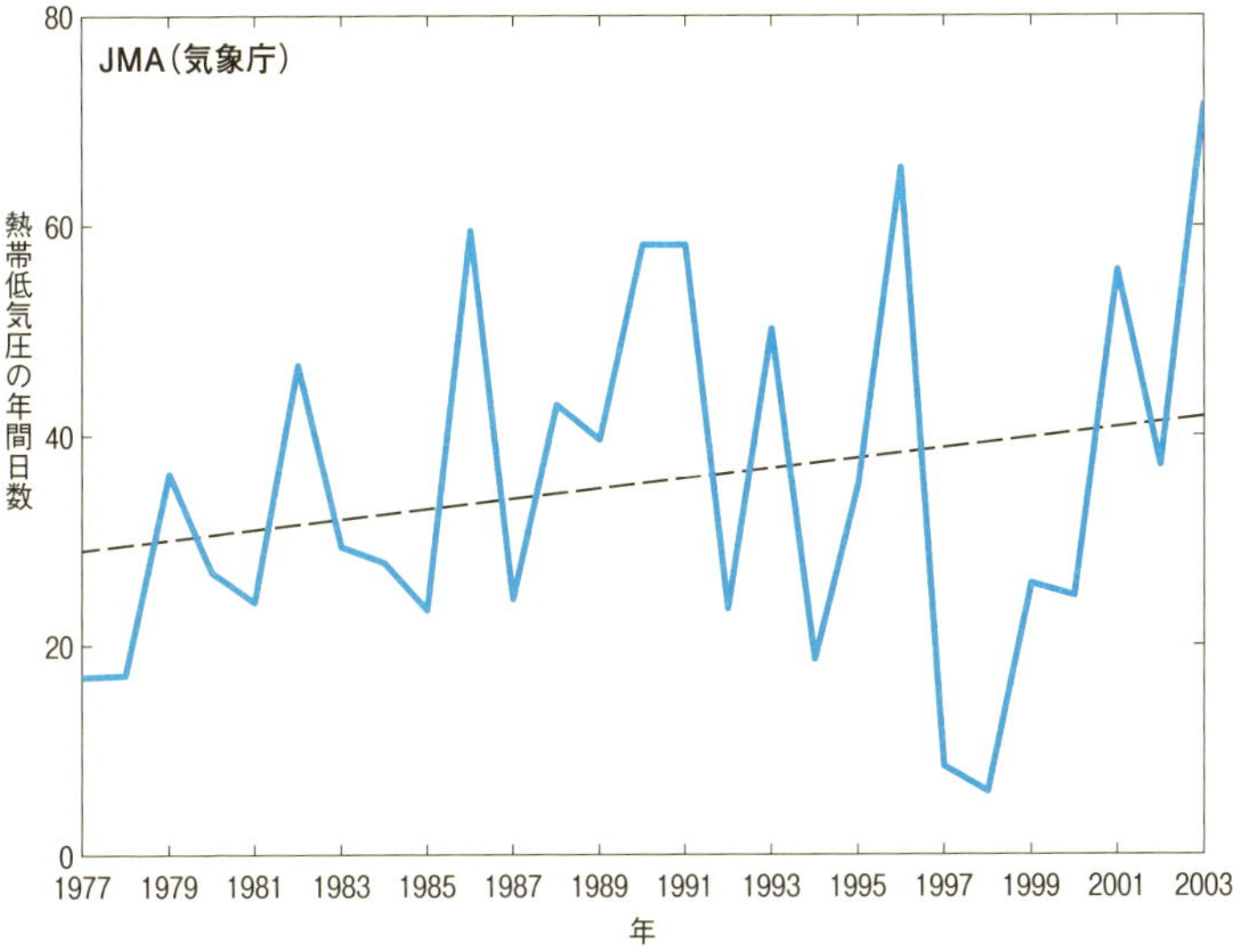

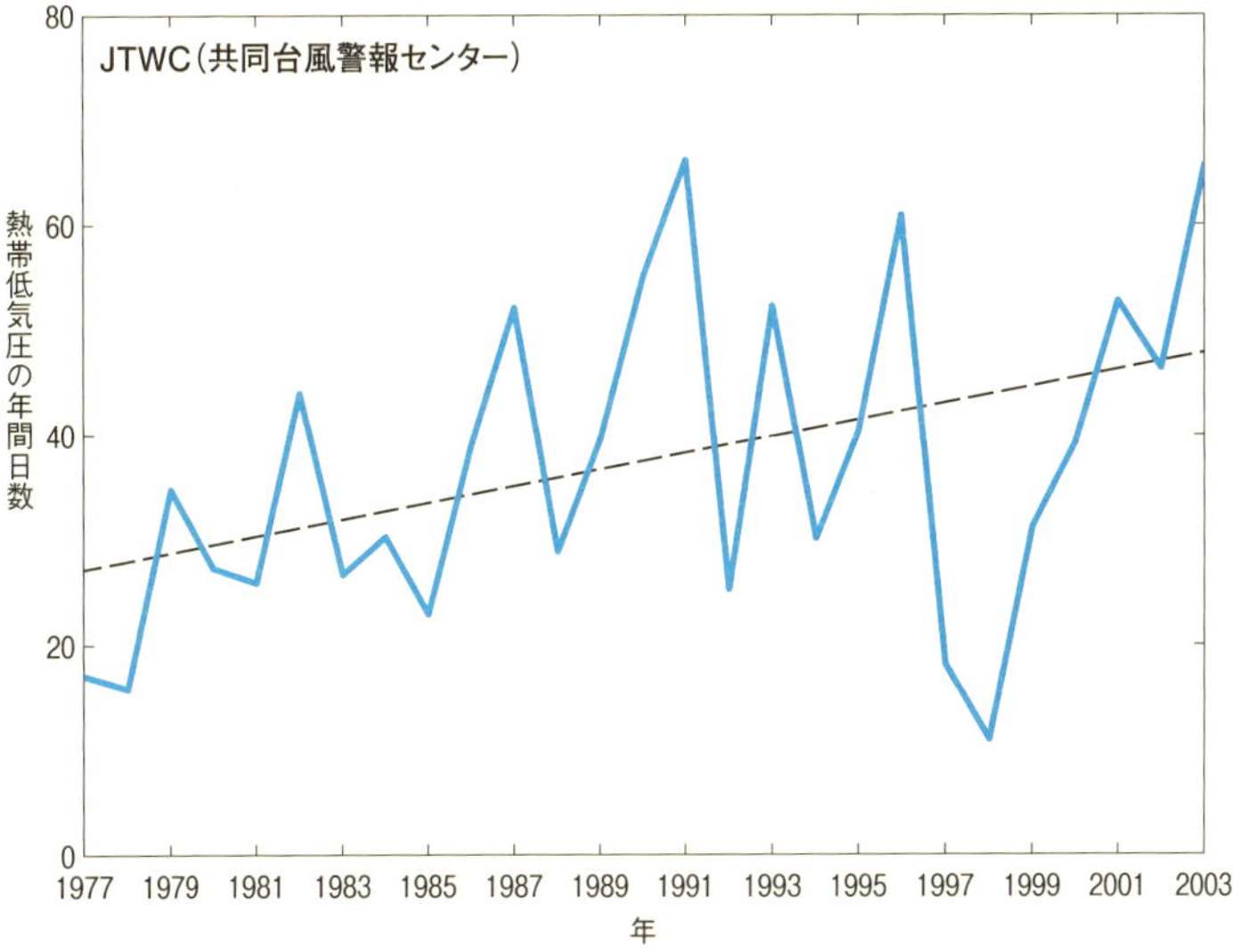

れによると、北大西洋を除く世界各地の熱帯低気圧の発生頻度は約30％減少するが、全体として強い熱帯低気圧の数は増えるだろうと予測しています。しかし、各地域別の発生回数や強さの階級別頻度がどうなるかという点に関する予測は難しいようです。

意見は分かれるが、個数は増えないが強さは増している

ＩＰＣＣ（気候変動に関する政府間パネル）の第４次報告書では、地球温暖化の原因は人間活動による温室効果ガスの増大であるとほぼ断定していますが、熱帯低気圧の将来予測に関して、発生回数は変わらないが北大西洋での強い熱帯低気圧の強度は増すだろうと述べています。

２００６年に中央アメリカのコスタリカで開かれた「熱帯低気圧に関する国際ワークショップ」では、温暖化と熱帯低気圧活動の関連について共通理解に基づく宣言を出しています。それによると、温暖化によって熱帯低気圧活動が強まった（強まる）という具体的証拠（根拠）は現状では見出せないとしています。また、近年熱帯低気圧によって引き起こされた災害の規模が大きくなっているのは、熱帯低気圧による災害に脆弱な沿岸部に人口やインフラが集中したためではないかとも述べています。

以上の議論から明らかなように、過去30年間程度については熱帯低気圧の発生回数

に明瞭な変化傾向はなかったと言えますが、ハリケーンや台風の勢力に関しては、やや強まる傾向もあったようです。ただし、過去の台風やハリケーンのデータベースによる違いや、近年の衛星観測によるモニタリング精度の向上も影響している可能性があるでしょう。

一方、地球温暖化が進行するとみられる将来予測では、熱帯低気圧の数は減るが（北大西洋では増えるという予測もある）勢力は増す可能性が高いようです。

column

雨量計の構造

雨量はどうやって測るかご存じでしょうか。もちろん雨量計で測りますが、雨量計の中がどうなっているか、雨量を測る仕組みについてはあまり知られていないと思います。気象庁などで普通使われているのは、写真のような円筒型の雨量計です。円筒の直径は20センチです。ただし、円筒の中にそのまま雨が溜まるわけではありません。上部には、漏斗の形をした「受水器」がついていて、降った雨は漏斗の先から転倒マスに注がれます。転倒マスはシーソーの形をしていて、左右に小さなマスが2ついています。片方のマスに0・5ミリの雨が注がれると、反対方向に転倒して排水され、1回転倒したとカウントされます。今度は反対側のマスに雨水が溜まりはじめ、雨水が溢れるとまた転倒して2回目のカウントがなされます。このようにして、転倒数をカウントすることで一定時間の降水量がわかるのです。

寒冷な地域では、ヒーターで雨量計を暖めて雪を解かし、降水量を測定します。近くに樹木があると、木の葉が落ちて雨量計の受水器が詰まることがあるため注意が必要です。

転倒マス型雨量計

第7章

都市型豪雨は防げるのか

都市型集中豪雨を減らすには

地球温暖化もヒートアイランドも今後さらに強まると予測されています。そうなると、都市型豪雨に限らず台風や前線活動の強まりによる大雨や暴風も頻度を増す可能性があります。豪雨対策としては、日頃から豪雨災害に備えたり、豪雨災害に見舞われたときにどうするかといった現実的な対応策が挙げられますが、将来を見据えた豪雨対策を考えた場合、豪雨そのものの発生を抑制する方策についても考える必要があるでしょう。また、降雨状況を捉える新しい技術についても目を向けたいものです。

やはり温暖化対策が基本

地球規模であれ都市規模であれ、豪雨や強風といった激しい気象が増えると予測される背景に長期的な温暖化があることは確かです。したがって、加速化する地球温暖化や都市ヒートアイランドの速度をゆるめ、さらには止めることが結果的に将来の豪雨発生を抑制することにつながるでしょう。そうした観点から、ここでは地球温暖化と都市ヒートアイランドの緩和策として何が有効なのか、具体的に考えてみましょう。

二酸化炭素の排出量を減らす

まず、地球温暖化対策ですが、基本は二酸化炭素の排出量削減です。ＩＰＣＣの第四次報告書でも指摘されているとおり、温暖化の主たる原因が二酸化炭素等の温室効果ガスの増加にあることはほぼ確実であるからです。現在、大気中の二酸化炭素濃度は約３８０ＰＰＭで、ハワイのマウナロア観測所で測定を開始した１９５８年以降の50年間で20％も増加しています（**図７・１**）。このまま経済成長を優先して二酸化炭素の排出量を増やし続けると、ＩＰＣＣの予測（経済発展を重視したA2シナリオ）では、二一世紀末には地球の平均気温は３・４℃（２・０～５・４℃）上昇し、海面上昇は最

■図 7-1　マウナロア観測所における二酸化炭素量の変化（年平均値）

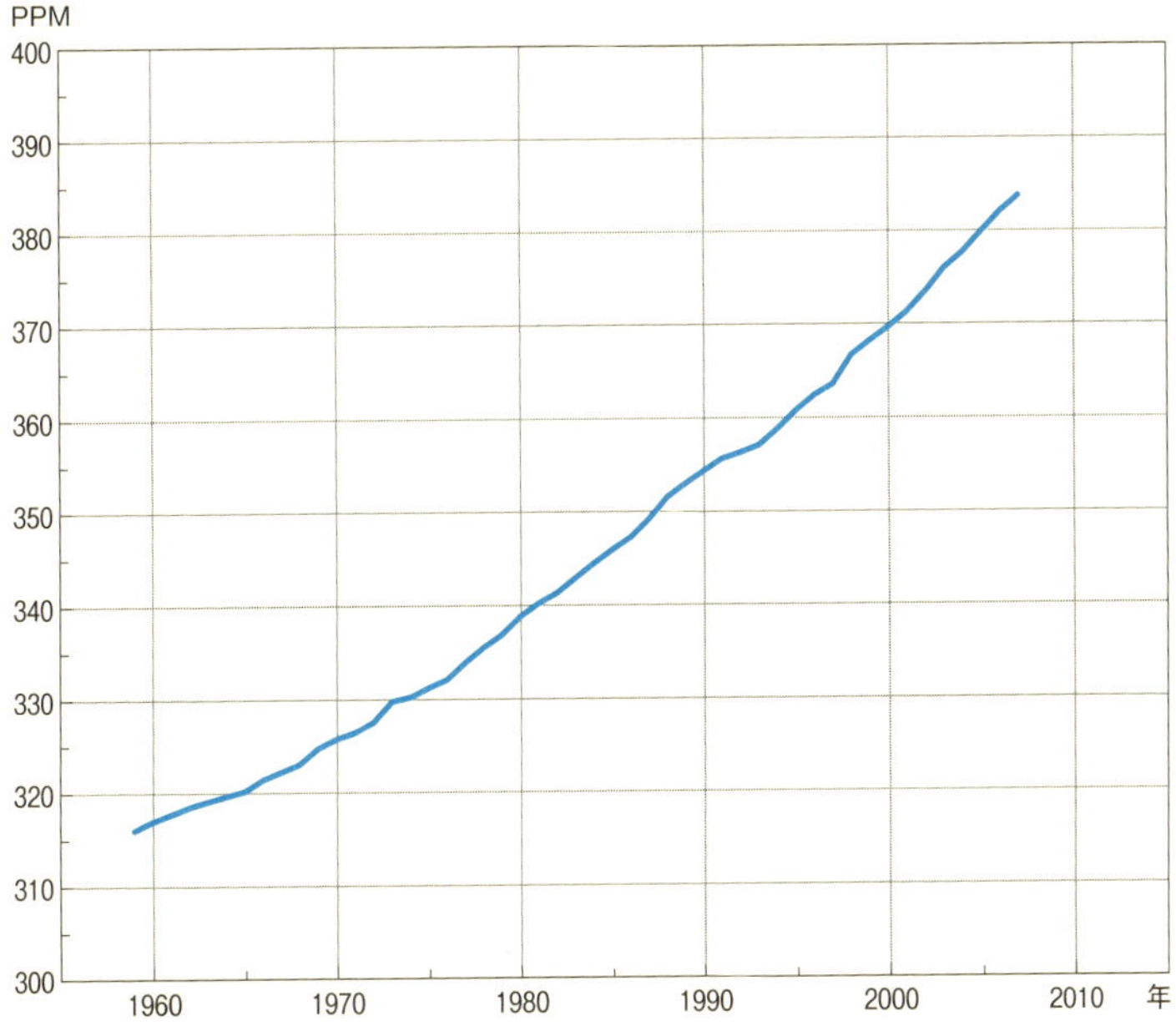

大で51センチに達する可能性があるということです（**表7・1**）。

二酸化炭素の排出量を削減するためには、エネルギー消費量を減らす必要があります。石炭や石油などの化石燃料にばかり依存せず、太陽光や風力などの新エネルギーを積極的に取りいれることも重要ですが、省エネルギー型社会への政策転換が求められるでしょう。エネルギー消費の中心は人口の集中する都市部にありますから、都市での省エネは、実はヒートアイランドの主要な原因である人工排熱の削減にも貢献することになり、まさに一石二鳥という訳です。

都市の表面温度を下げる

都市を高温化させる要因としては、人工排熱の増加に加えて、都市の表面がコンクリートやアスファルトで覆われることによる日射の蓄熱効果が挙げられます。これは、都市から緑や水辺などが減少していることを意味しています。

ヒートアイランドの章でも述べたように、都市の緑地は冷気を

表7-1　IPCCの予測する21世紀末の気温と海面水位

シナリオ	気温変化（1980-1999年と2090-2099年の差。℃）		海面水位上昇（1980-1999年と2090-2099年の差。m）
	最良の見積もり	可能性の高い範囲	モデルによる予測幅（急速な氷の流れの力学的な変化を除く）
2000年の濃度で一定	0.6	0.3-0.9	-
B1シナリオ	1.8	1.1-2.9	0.18-0.38
A1Tシナリオ	2.4	1.4-3.8	0.20-0.45
B2シナリオ	2.4	1.4-3.8	0.20-0.43
A1Bシナリオ	2.8	1.7-4.4	0.21-0.48
A2シナリオ	3.4	2.0-5.4	0.23-0.51
A1FIシナリオ	4	2.4-6.4	0.26-0.59

（IPCC第4次報告書、気象庁の翻訳より）

生み出し、周辺市街地に流れ出してヒートアイランドを緩和する効果があります。大規模な緑地でなくとも、道路面に日陰を作る街路樹や建物の屋上・壁面緑化も、施工面積が広がればヒートアイランド緩和に貢献するでしょう。

いずれにせよ、長期的な視野に立って都市の高温化を抑制してゆくことが、都市型豪雨の発生頻度を減らすと同時に、地球温暖化対策にも貢献することになります。

雨雲の動きをとらえる気象レーダー

都市型豪雨の発生を事前に予測することは可能でしょうか。残念ながら、答えはノーです。台風や前線による豪雨と違って、都市型豪雨の場合は雷雨が強まったものであり、時間的にも空間的にも局地性が大きいため、現在の数値気象モデルの精度では発生時刻と場所を限定した的確な予測は困難です。天気予報でも、せいぜい「東京の西部では、今日の午後から夕方にかけて局地的に1時間50ミリを超える強い雨が降るでしょう」といった表現にならざるを得ないのです。

そうなると、豪雨を降らせる雨雲をいち早くとらえて、その動きや降雨の強さをリアルタイムで正確に把握し、今後の予測に役立てることが重要になります。実際、気象庁では全国規模で気象レーダーを配置し、雨や雪の降っているエリアを常時監視しています（**図7・2**）。通常の気象レーダーは9カ所に設置されており、アンテナを回転させながら電波（マイクロ波）を発射し、電波が戻ってくるまでの時間から雨や雪までの距離を測り、戻ってきた電波（レーダーエコー）の強さから降雨や降雪の強さを求めます。また、気象ドップラーレーダーと呼ばれるレーダーが全国11カ所に設置され、雨や雪の降る強さだけでなく、戻ってきた電波の周波数のズレ（ドップラー効果）を利用して、雨や雪の動きを追っています。

都市型豪雨の予測に向けた新型レーダーの開発

最近、防災科学技術研究所で開発されたMPレーダー（マルチパラメータ・レーダー）と呼ばれる新型レーダーが、局地的な豪雨の予測に役立つのではないかと期待されています。気象庁などが設置しているこれまでの気象レーダーは発射する電波が1種類ですが、MPレーダーは水平偏波と垂直偏波という2種類の電波を発射することで、雨

■図 7-2　気象庁のレーダー配置図（2008 年 3 月）

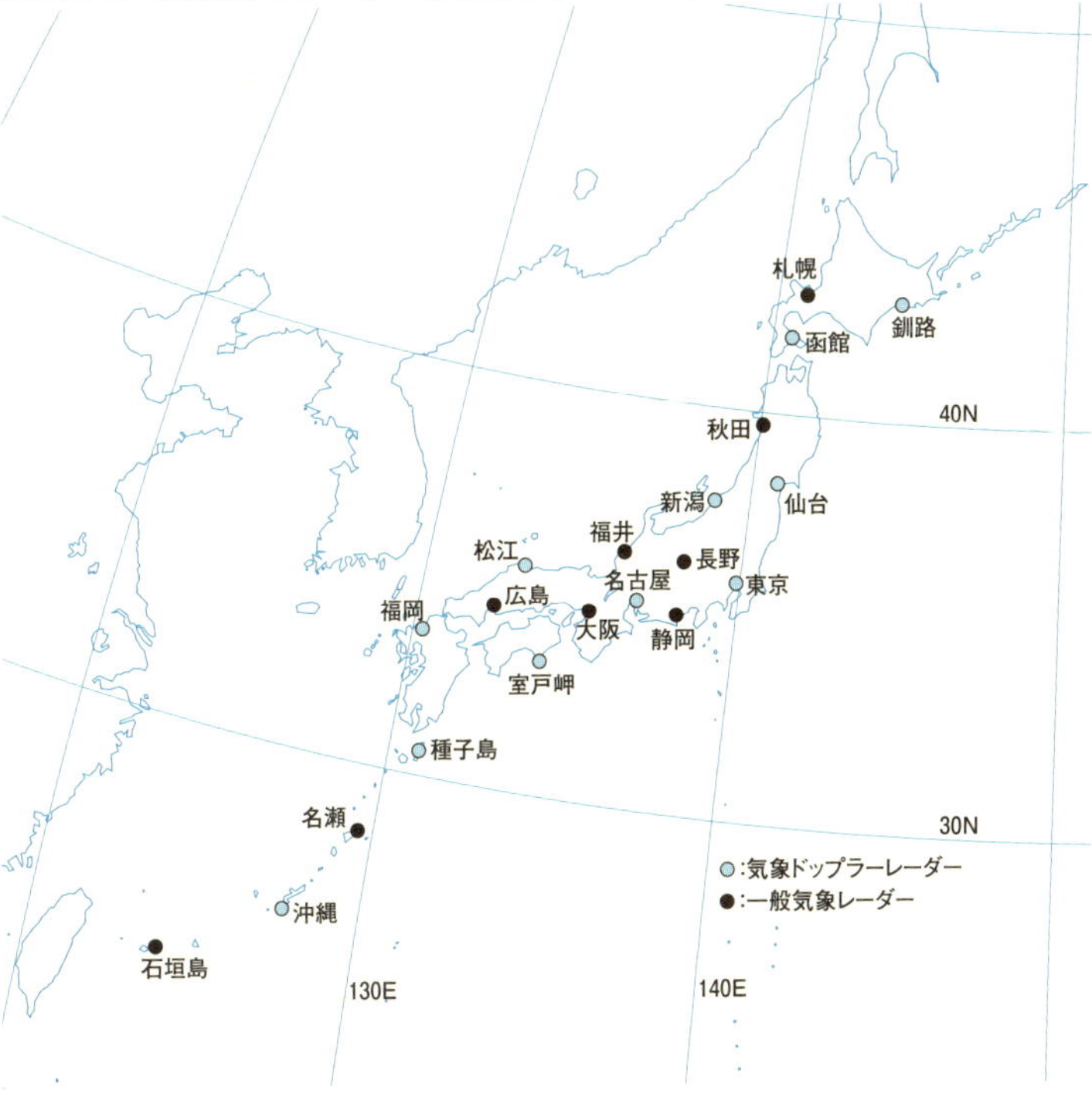

の形や降雨強度をより正確に求めることができます（**図7・3**）。

ＭＰレーダーによる降雨強度の推定は、雨が強く降るほど雨滴の形が扁平になるという事実に基づいています。実際、**図7・4**に示すように、直径3ミリの雨滴は球に近い形をしていますが、直径8ミリになるとお供え餅のように平たくなっています。

気象庁では、レーダーによる降雨データとアメダス気象観測所の雨量観測値を組み合わせた「レーダーアメダス解析雨量」を公表していますが、その空間分解能は2・5キロメートルで都市型豪雨の降雨域を

■図7-3　水平偏波と垂直偏波

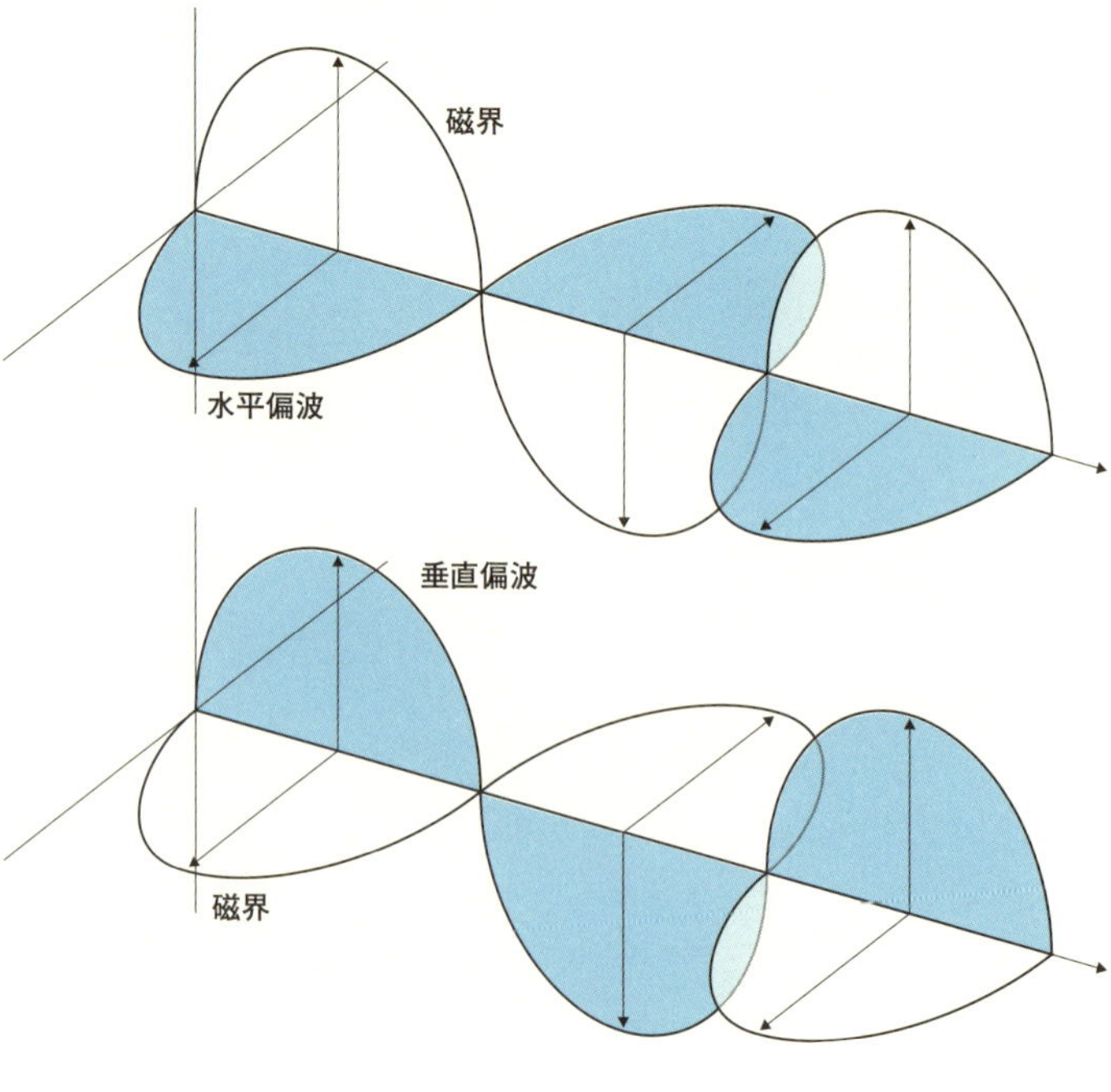

■図7-4
大きさによる雨滴の形の違い

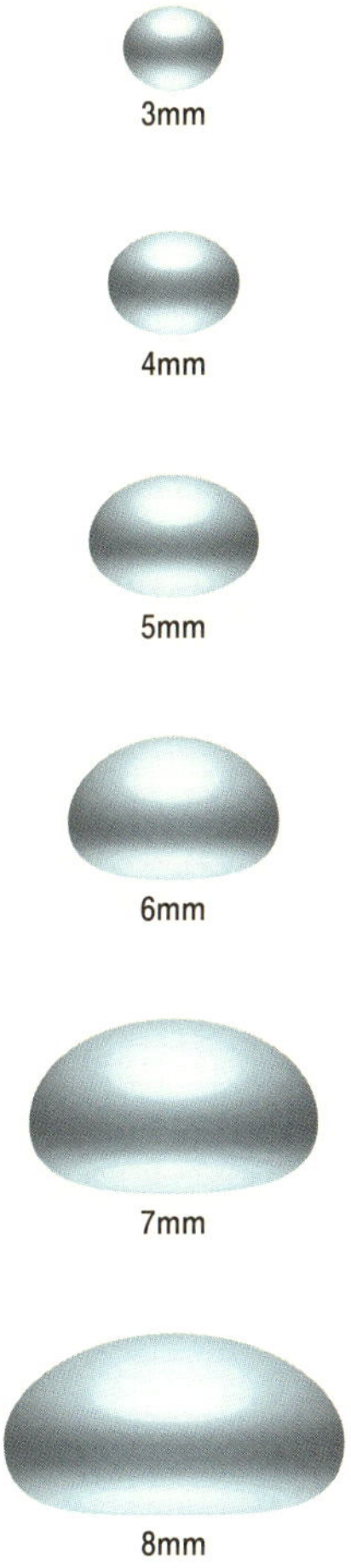

表現するには粗すぎます。一方、MPレーダー観測による降雨の空間分解能は500メートルで、これならば都市型豪雨を十分に検知できます（**図7・5**）。

X-NETの試み

さらに、都市型豪雨による災害を含む都市型災害の監視技術と予測手法を開発するために、防災科学技術研究所が首都圏の研究機関や大学と連携して、Xバンド気象レーダネットワーク（X-NET）と呼ばれる試みを始めています。X-NETは、防災科学技

■図 7-5　MP レーダーと従来レーダーの空間分解能の違い

独立行政法人防災科学技術研究所　真木雅之氏提供

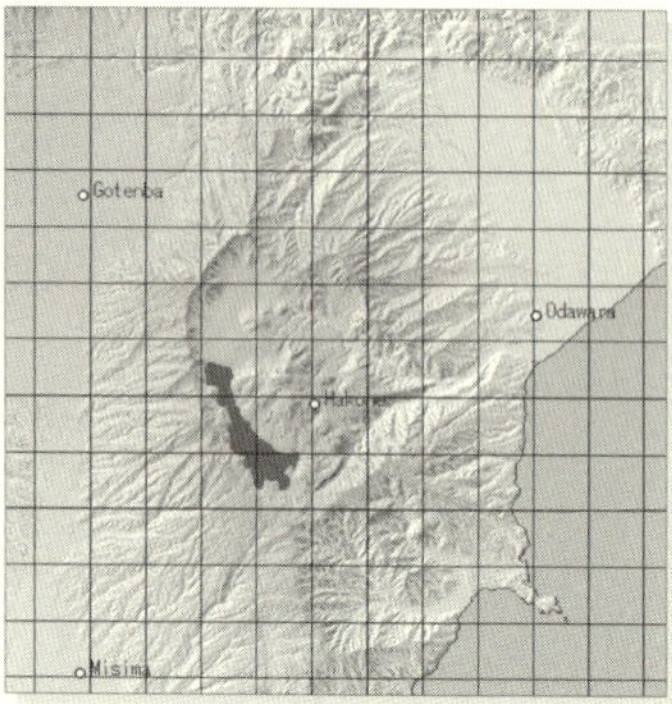

箱根地域の地形と 2.5km メッシュ

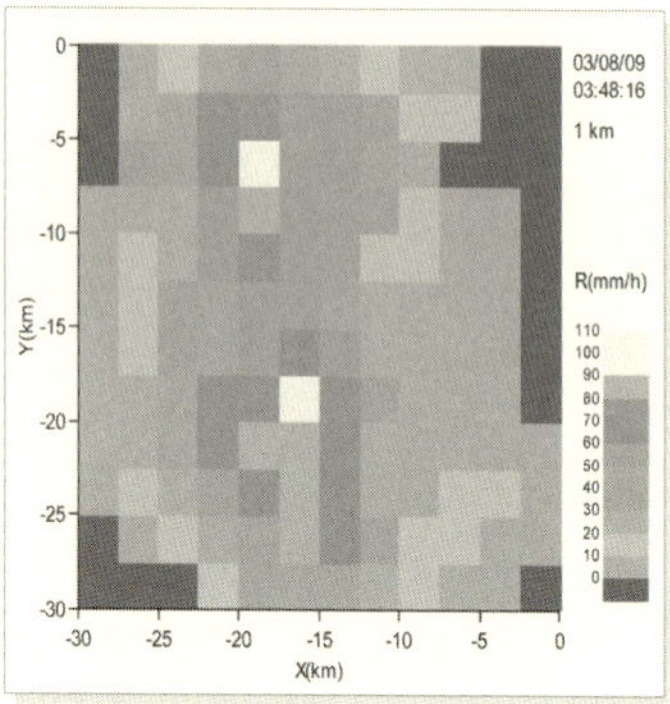

2.5km メッシュの降雨分布

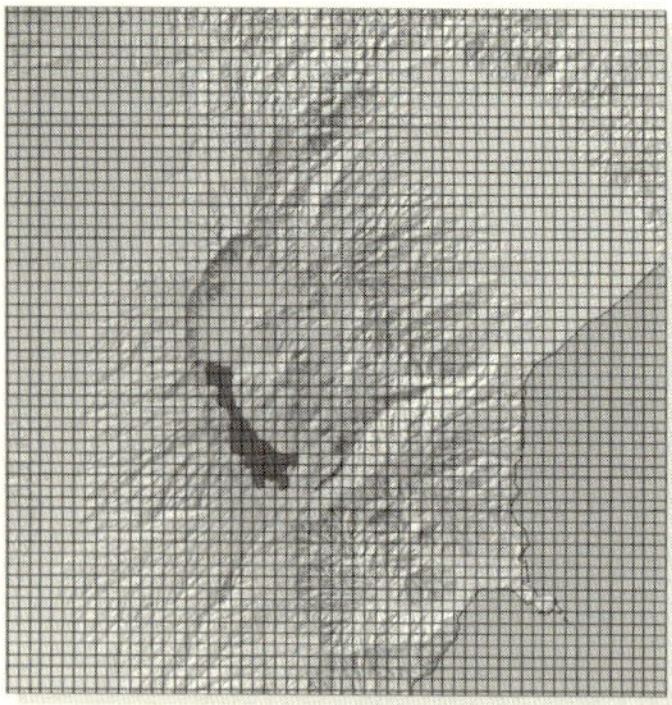

箱根地域の地形と 500m メッシュ

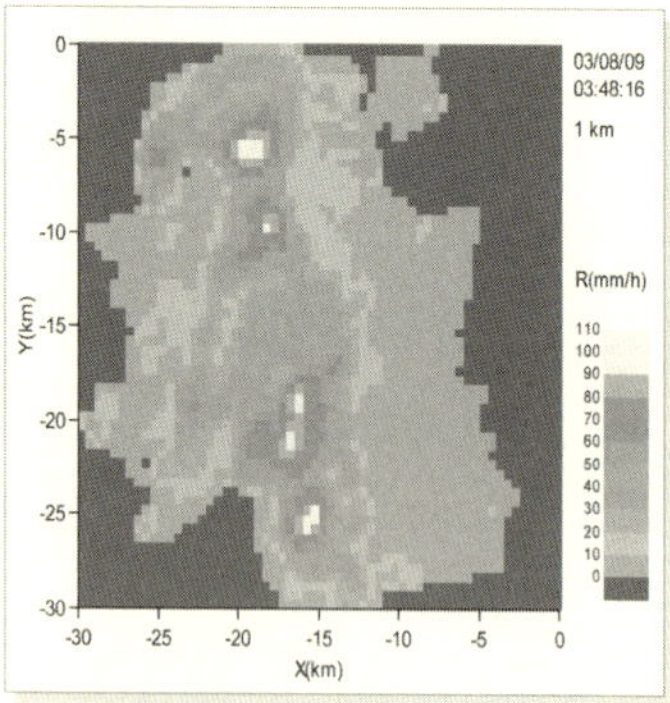

500m メッシュの降雨分布

術研究所、中央大学、防衛大学校、気象協会、電力中央研究所、気象研究所などの研究用レーダーをネットワークで結び、観測から得られる降雨と風に関する情報をリアルタイムで配信しようとするものです。

X-NETは新しい都市防災システムとして位置づけられ、その特徴としては、

（1）都市の優れた通信インフラを生かしたネットワーク
（2）既存の研究施設の利用による即効性と経済性
（3）3000万人の住民が生活する首都圏が試験地
（4）エンドユーザ（研究者，地方公共団体防災担当者、民間気象関連会社など）とのやりとりを通じた検証

などが挙げられます（以上、防災科学技術研究所ホームページより）。

X-NETの目的について、防災科学技術研究所のホームページでは次のように述べられています。

X-NETの目的は局地気象擾乱の発達の理解やその予測精度の向上、都市型災害の警報システムの開発に役立てるための高精度で高空間分解能の降水と風の情報をエンドユーザに提供することです。そのための研究テーマや確立すべき技術としては次のものがあります。

・首都圏上空の雨と風の3次元分布（時間分解能5分、空間分解能数100～500メートル）の瞬時集約と配信
・上記の情報に基づく豪雨域、強風域の検出と監視
・外そう法による降水ナウキャスト、およびデータ同化した雲解像数値モデルによる降水短時間予測
・局地気象擾乱の構造、発生過程、発生機構の理解
・豪雨災害や強風災害の発生予測手法の高度化のためのデータベースの作成
・気象学、防災研究、気象教育、建築、都市、交通、電力、通信、情報、レジャー産業などの様々な分野における基礎的な気象データベースの作成

レーダーの精度がさらに向上し、X-NETのようなXバンド気象レーダネットワークが有効に機能するようになれば、数値シミュレーションの初期値にレーダーの降雨データを取り込んで数時間先までの精度の高い豪雨予測が可能になるかもしれません。

MPレーダーやXバンド気象レーダーは、現在まだ首都圏での試験的な観測が実施されている段階ですが、将来は全国にこうしたレーダーが設置されて、局地的豪雨の予測も今より高精度で高分解能になることが期待されます。

7-3 都市型豪雨は防げるのか

都市型豪雨による水害への対策

都市型豪雨の特徴は、1時間に50ミリを超えるような大雨が都市部の狭い範囲に短時間に集中して降る点にあります。そのため、コンクリートで表面を覆われた都市河川が氾濫して流域の浸水被害を発生させます。豪雨の中心部では、たとえ河川から離れていても窪地になっていると容易に浸水し、思わぬ被害を出すこともあります。

短時間で増水し、ビルの地下街や半地下の駐車場などに大量の水が流れ込むと、逃げ場を失って命を落とす危険性も出てきます。そこで、都市型豪雨による水害の特徴は何か、そして対策はどうしたらよいのかについて考えてみたいと思います。

予測の難しい都市型水害——対策の現状と課題

ときに「ゲリラ豪雨」と呼ばれるくらい、突然に、しかもある場所に集中して激しい豪雨を降らせたかと思うと、その後は場所を変えて次から次へと集中的に雷を伴った激しい降雨をもたらす都市型豪雨の的確な予測は、現状ではほとんど不可能に近いといっても過言ではありません。これは、豪雨のスケールが台風や前線性の豪雨に較べて時間的にも空間的にも非常に小さいために、ピンポイントで豪雨の発生を予測することが現在の気象予報モデルでは大変困難であるためです。そのため、豪雨対策も台風による大雨のように、比較的長時間にわたって広域に災害を生ずる場合と同じようにはいきません。

東京都の豪雨対策

2005年9月4日の深夜近くに発生した杉並豪雨をモデルケースに、都市型水害の対策について考えてみましょう。このときの豪雨の実態と水害の状況については、第1章で詳しく紹介したので省略しますが、杉並区内を流れる神田川水系の善福寺川や妙正寺川が氾濫し、あっという間に流域の住宅地に浸水被害を広げた点で、通常の台風災害とは明らかに異なっています。

東京都では、杉並豪雨を教訓に今後の豪雨対策として、「水害から都民の生命身体を守る」、「出水時も必要不可欠な都市機能を確保する」、「水害による財産被害を軽減する」という3つの基本的視点を掲げています（「東京都豪雨対策基本方針」*2007年8月）。

＊東京都都市整備局の「東京都豪雨対策基本方針」
http://www.toshiseibi.metro.tokyo.jp/topics/h19/topi027.htm

① 水害から都民の生命身体を守る

近年、東京では、地下街や地下鉄など一度浸水すると人命に関わる深刻な被害につながる恐れのある建物・施設が増えています。また、都内の一部地域では、1時間に50ミリを超える激しい集中豪雨が繰り返し起こっています。こうした集中豪雨によって河川や下水道の水位は降り始めとともに急上昇し、事前の避難準備もできないままに、突然浸水被害が発生する危険性があります。このように、都民の生命身体が脅かされる水害の発生する危険性が高まっており、今後はまず都民の生命身体を守り、人的被害を出さないようにする対策を推進することが重要になってきます。

② 出水時も必要不可欠な都市機能を確保する

東京には、鉄道や道路、電気や電話施設などの重要公共施設が高度に集積しています。日本の経済活動の中心となっている東京で、こうしたライフラインの機能が浸水被害によってマヒすれば、その影響は広域に及んで被害は甚大なものになるでしょう。したがって、今後は出水時においても必要不可欠な都市機能を確保する必要があります。

③ 水害による財産被害を軽減する

従来の治水対策は、一定の降雨までは浸水被害を発生させないことを目的として対策が進められてきました。しかし、自然災害の場合、どれだけ周到な準備・対策を行っていても、その前提を上回る大規模な災害が発生する危険性が常にあります。このようなことから、今後は計画を超える降雨が発生する可能性が常にあることをふまえて、一定量の降雨までの対策を詳細に決めるのではなく、浸水による財産被害をできる限り軽減する対策を総合的に推進する必要があります。

目的を設定した対策の推進

「東京都豪雨対策基本方針」では、今後の豪雨対策は、前述の3つの目的を実現するために、「一定降雨までは浸水させない」対策に加えて、「局所的な集中豪雨時の浸水被害を最小化する」対策を強化することが必要だと指摘しています。このため、従来までの「**〈基準1〉浸水解消**」という基準に加え、新たに「**〈基準2〉床上浸水等防止**」や「**〈基準3〉生命安全**」という基準を設定し、それぞれの基準に対して目標を設定して対策を推進するべきであると提言しています。そこで、今述べた3つの基準ごとにそれぞれの対策の目指す目標を見てゆきたいと思います。

①**〈基準1〉浸水解消**（仮称）

浸水による財産被害を解消するために設定する基準です。この基準までは、流下施設（河川・下水道）などの準備により、浸水被害を発生させないことを目指します。

②**〔基準2〕床上浸水等防止**（仮称）

出水時も必要不可欠な都市機能を確保すると同時に、水害による財産被害を軽減するために設定する基準です。この基準を目安として、河川や下水道の能力を超えて溢れた場合でも、地下鉄や地下街などへの浸水を防止することや、床上浸水を防止することを目指します。

③**〔基準3〕生命安全**（仮称）

水害から都民の生命身体を守るために設定する基準です。洪水情報の的確な提供や、適切な避難体制の構築などによって、生命の安全確保を目指します。

（以上、「東京都豪雨対策基本方針」より）

早期警戒システムの確立を

1999年7月の練馬豪雨では、逃げる間もなく冠水した道路から流れ込んだ雨水で地下室に閉じこめられた方が亡くなっています。もし道路の冠水が早期にわかっていたら、悲劇は避けられたかもしれません。しかし、このときの豪雨は、練馬で1時間に131ミリという記録的な降水量でしたから、仮に早期の警戒情報が出されていたとしても逃げられなかったかもしれません。

2005年9月の杉並豪雨の場合、突然の豪雨で中小河川が氾濫し、幸い人命の被害はなかったものの、あっという間に床上浸水が広がり、水害による財産被害を大きくしたのです。杉並区では水害時の浸水予想区域を示したハザードマップが作成されていましたが、実際の浸水区域とは異なる場所での浸水が相次ぎました。これは、当日の豪雨の中心が想定したよりも西にずれていた点も大きく影響しています。

練馬豪雨にせよ、杉並豪雨にせよ、豪雨の降り出しと同時に警戒情報が出されていたら、避難したり、大切な家財を移動させる時間的余裕が持てたかもしれません。しかし実際には、河川が氾濫して浸水被害が出始めてから警戒情報が流れるという状況でした。これは、現在の豪雨予報精度からいってもやむを得ない面があります。前にも述べたように、現在の気象予測精度では、豪雨発生の数時間前にピンポイントで的確な豪雨予報を出すことはほとんど無理と言ってもよいでしょう。

そうなると、豪雨が降り始めたことを一刻でも早く感知して、その情報をリアルタイムで住民に周知する早期警戒システムの構築が有効となってきます。前に述べたMPレーダーによる高精度の降雨域や降雨強度に関する情報が、インターネット上でいち早く入手できれば、都市河川の増水や氾濫を事前に予測して避難誘導に役立てることも可能になるでしょう。

普段から水害を想定した備えを

夏の午後に突然やってくる集中豪雨被害を完全になくす対策の決め手は、残念ながら今のところありません。しかし、水害の被害を少しでも軽減するための方策、いわば減災対策はあります。都市型豪雨は、ゲリラ豪雨とも呼ばれるだけあって、発生の予測が難しいため、普段から災害に備える準備をしておくことが大切です。例えば、過去に氾濫を起こした河川の近くに住む場合は、床の高さを通常よりも数十センチ高めにするとか、地下や半地下の居住スペースは作らないといった家造りが必要です。

また、町全体で水害時の避難場所や避難経路を確保したり、豪雨時に溢れた水を一時的に貯めておく遊水池の確保なども必要となります。

さらに、高齢化が進む社会では、浸水時にお年寄りが安全に避難できる方策も考えておく必要があります。マンションの1階に居住している高齢者が、豪雨による浸水を逃れるためには、屋外の避難場所まで危険を冒して出かけるよりも、同じ建物の階上や屋上に一時的に避難する方がはるかに安全です。

いずれにせよ、行政と住民が一体となって、ハードとソフトの両面から水害に強いまちづくりを進めてゆくことが豪雨対策の決め手になると考えます。

・神田学ほか（2000），“環八雲の数値シミュレーション”，天気，47，83-96
・永保敏伸・三上岳彦（2001），“首都圏に中心をもつ暖候期の短時間強雨の特性”，日本気象学会予稿集，79，313
・三上岳彦（2003），“ヒートアイランドの実態と影響”，環境管理，39，551-555
・高橋日出男（2007），“首都圏における短時間強雨の発生と地表面被覆の空間構造との関係に関する地理学的研究”，平成16～18年度科学研究費補助金（基盤研究C）研究成果報告書

【第6章】

・高橋日出男（2003），“東京とその周辺における夏季（6月～9月）日降水量の階級別出現特性の経年変化”，天気，50，31-41
・Fujibe,F. et al.（2006），“Long-term changes of heavy precipitation and dry weather in Japan（1901-2004）”，Jour. Meteor. Soc. Japan，84, 1033-1046
・Kimoto,M. et al.（2005），“Projected changes in precipitation characteristics around Japan under the global warming”，SOLA，23，85-88
・Emanuel,K.（2005），“Increasing destructiveness of tropical cyclone over the past 30 years”，Nature，436，686-688
・Webster,P.J. et al.（2005），“Changes in tropical cyclone number , duration, and intensity in a warming environment”，Science，309，1844-1846
・Kamahori,H. et al.（2006），“Variability in intense tropical cyclone days in the western North Pacific”，SOLA，27，104-107
・IPCCWG-1（2007），“Climate Change 2007: The Physical Science Basis”（IPCC第4次報告書），Cambridge，2007年

【第7章】

・東京都『東京都豪雨対策基本方針』，東京都，2007年

参考・引用文献

【第1章】

・杉並区都市型水害対策検討専門委員会『新たな都市型水害の減災に挑む』，杉並区，2006年
・原田　朗『大気の汚染と気候の変化』，東京堂出版，1982年
・Changnon,S.A.Jr（1968），"The La Porte weather anomaly -fact or fiction?"，Bull. American Meteorol. Soc., 49，4-11
・Illinois State Water Survey（1974），"Project METROMEX"，Bull. American Meteorol. Soc., 55，86-121
・吉野正敏『小気候』，地人書館，1961年（新版1986年）
・Yonetani,T.（1982），"Increase in number of days with heavy precipitation in a Tokyo urabn area"，Jour. Appl. Meteorol., 21, 1466-1471

【第2章】

・小倉義光『一般気象学』，東京大学出版会，1984年
・二宮恍三『豪雨と降水システム』，東京堂出版，2001年
・大野久雄『雷雨とメソ気象』，東京堂出版，2001年

【第3章】

・浅井富雄・内田英治・河村武 監修『気象の事典』，平凡社，1986年
・牛山素行ほか（2000），"2000年9月11日〜12日に東海地方で発生した豪雨災害の特徴"，自然災害科学，19.3,359-373
・内閣府中央防災会議・災害教訓の継承に関する専門調査会（2005），『1982長崎豪雨災害報告書』

【第4章】

・三上岳彦（2006），"都市ヒートアイランド研究の最新動向ー東京の事例を中心にー"，E-Journal GEO, 2, 79-88

【第5章】

・甲斐憲次ほか（1995），"東京環状八号線道路付近の上空に発生する雲(環八雲）の事例解析"，天気，42, 417-427

さくいん

【著者紹介】

三上岳彦（みかみ・たけひこ）

1944年、京都府生まれ。東京大学大学院理学系研究科博士課程修了。理学博士。お茶の水女子大学助教授、東京都立大学教授、首都大学東京教授を経て、帝京大学教授・首都大学東京名誉教授。専門は、都市気候・気候変動。主として観測データに基づく実証的な気候研究を行ってきた。

●装丁
中村友和（ROVARIS）

●本文デザイン、DTP
クリエイト・ユー

知りたい！サイエンス

都市型集中豪雨《としがたしゅうちゅうごうう》はなぜ起《お》こる？
―台風でも前線でもない大雨の正体―

2008年10月25日　初版　第1刷発行
2011年　6月20日　初版　第2刷発行

著　者　三上岳彦
発行者　片岡　巌
発行所　株式会社技術評論社
東京都新宿区市谷左内町21-13
電話　03-3513-6150 販売促進部
03-3513-6166 書籍編集部
印刷／製本　港北出版印刷株式会社

定価はカバーに表示してあります。

ISBN978-4-7741-3621-9 C3044
Printed in Japan